我
思

敢于运用你的理智

崇文学术·逻辑

中国名辩学

刘培育　著

长江出版传媒　崇文书局

图书在版编目（CIP）数据

中国名辩学 / 刘培育著. -- 武汉 ：崇文书局，
2024. 11. --（崇文学术）. -- ISBN 978-7-5403-7803
-5

Ⅰ．B812.2
中国国家版本馆 CIP 数据核字第 20244EA525 号

中 国 名 辩 学
ZHONGGUO MINGBIANXUE

出 版 人　韩　敏
出　　品　崇文书局人文学术编辑部
策 划 人　梅文辉(mwh902@163.com)
责任编辑　许　双(xushuang997@126.com)　李艳丽
装帧设计　甘淑媛
责任印制　李佳超
出版发行　长江出版传媒｜崇文书局
地　　址　武汉市雄楚大街 268 号 C 座 11 层
电　　话　(027)87679712　邮政编码　430070
印　　刷　武汉中科兴业印务有限公司
开　　本　880 mm×1230 mm　　1/32
印　　张　7.5
字　　数　159 千
版　　次　2024 年 11 月第 1 版
印　　次　2024 年 11 月第 1 次印刷
定　　价　68.00 元
(读者服务电话：027-87679738)

目　录

第一章　概述

　　名辩学是中国古代的一门学问。它以名、辞、说、辩为研究对象，是关于正名、立辞、明说、辩当的理论、方法和规律的科学，其核心就是今天讲的逻辑学。

　　名辩学是中华民族用自己的实践、自己的语言、自己的智慧，在自己的土地上对具有全人类性的逻辑思维的反思和探索的结晶。它是中国的，也是世界的。说它是中国的，因为它与古希腊的逻辑、古印度的正理—因明相比，有自己的许多特点；说它是世界的，因为它反映了人类逻辑思维的共同规律。因此，我们可以肯定地说：古代中国、古代印度、古代希腊是逻辑学的三个发源地；中国的名辩学、印度的正理—因明、西方的逻辑学是古代世界的三大逻辑传统。

第一节　中国名辩学产生的历史背景

一、名实悖谬和百家争鸣

春秋战国时期，社会发生大变动，造成名实悖谬、名不符实的现象。正如《管子·宙合》篇所说的："名实之相怨久矣，是故绝而无交。"许多思想家都认为，名实相悖与社会乱而不治有因果关系，有的思想家甚至认为名实相悖是社会乱而不治的根本原因。这就引起了一些思想家讨论名与实的关系，探讨名实相悖的原因及使名实相符的方法，也就是"正名"或"名正"的问题。我们从先秦文献中可以看出，许许多多的思想家，不管是哪一派、哪一家，都不同程度地讨论了名实问题，提出了解决名实相悖问题的不同方法。另一方面，社会大变动带来社会大辩论。不同阶级和阶层、不同利益集团的思想家，纷纷提出自己解决社会动乱问题的原则和办法。利益的不同导致观点的分歧、意见的纷争，形成了百家争鸣的局面。在论辩过程中，各家要进行正面的思想交锋，要确立自己的观点，也要驳斥别人的观点，就必然要总结论辩的经验和教训，研究论辩的原则、理论、方法，这就为中国古代名辩学的产生创造了条件。

二、必要的理论准备

"类"是古代名辩学的一个最基本的范畴。要形成关于某类事物的概念，必须准确把握该类事物的特有属性；要作出一个恰当的命题，必须依据一类事物和他类事物之间的同异关系；

要进行推理，同样要以"类"作基础，"以类度类"，"异类不比"；要证明一个正确的论题，或者反驳一个错误的命题，也必须明"类"，"以类取"（证明），"以类予"（反驳）。可以说，离开了对"类"的认识和把握，就没有思维活动，也不可能有名辩学。

"类"概念在中国历史上有一个发生及演变的过程。从字源看，"类"（類）从犬首，故《说文》段玉裁注："类本专谓犬。"《山海经》说，类是一种"其状如狸而有髦"的兽。据陈孟麟先生研究，类最初作为动物名，就是其本义，尔后逐渐演变为族类，或类族。《周易·同人·象》曰："类族辨物。"类的主要职能是根据事物表面属性的同异辨别事物。《左传·桓公六年》有"以类命为象"的说法，把"类"概念的外延扩大为普遍事物，它不仅指水、火、云、龙、虎这类具体事物，也指一些抽象事物。春秋战国之际，思想家墨子在论辩中强调"察类明故"，把察类和明故联系起来，达到了"类即本质"的认识水平。[①] 这标志着"类"作为一个名辩学的范畴已经产生。

名家创始人邓析是古代一位著名的律师和论辩家，他在与郑国统治者进行合法斗争时，思考了法律条文的准确性，以及思维、语言和事物之间的关系。儒家创始人孔子自觉地把人的思维作为探索对象，提出了思维在知和行中的重要作用。他提出著名的"正名"学说，表达了名、言和行三者一致的观点。这些标志着中国古代名辩学的萌发。墨家创始人墨子把谈辩列为一门专门的学问和职业，他明确提出名、故、类、法、辩等

----

① 参见陈孟麟：《从类概念的发生发展看中国古代逻辑思想的萌芽和逻辑科学的建立——兼与吴建国同志商榷》，《中国社会科学》1985年第4期。

名辩学的基本概念，为名辩学的建立奠定了坚实的基础。

第二节　中国名辩学发展简史

中国名辩学的发展，大致可以分为五个时期。

一、先秦时期

后期墨家发挥集体智慧，在同诡辩的斗争中全面总结了前人的思维成果，写出了中国历史上第一部名辩学著作——《墨经》[①]，建构了一个名辩学体系，标志着中国古代名辩学的创立。《墨经·小取》篇和《荀子·正名》篇描绘了名辩学体系的大纲。《小取》篇简明而系统地阐述了名辩学的基本内容。它首先概述了辩的六项作用，接着对名、辞、说诸思维形态进行界说，进而介绍或、假、效、辟、侔、援、推七种命题或推论式，最后具体说明了各种推论式可能产生的谬误及其原因。它言简意赅，体系完备。《正名》篇从分析辩说产生的原因和背景出发，接着提出名、辞、说、辩诸思维形态，揭示其本质，说明其作用，阐述它们之间的联系，最后提出名辩的若干规则。《小取》以论辩为中心讨论名辩学，对论辩的对象有严格的规定，只有当双方的论题为同一主项的矛盾判断时，论辩才是有效的。《正名》

---

① 这里说的《墨经》指《墨子》书中的《经上》《经下》《经说上》《经说下》《大取》《小取》六篇。

以正名为中心讨论名辩学，详细阐述了制名的各项原则，总结出诡辩家混淆名实关系搞诡辩的不同类型、实质及揭露诡辩的方法。后期墨家和荀子还提出了有关集合的初步思想。

名家的代表人物惠施和公孙龙改变了人们长期以来总是结合社会政治伦理问题讨论名辩理论的倾向，把名辩研究引上了纯名辩理论的轨道。公孙龙对名的确定性问题有精彩的论述，并且开始使用变项。韩非在比较广泛的意义上讨论了形名问题，提出了"形名参同"和"参伍之验"的理论，把先秦法家的形名之学推向高峰。他提出的"矛盾之说"，巧妙地表达了矛盾律的精神实质，尖锐地揭示了自相矛盾的逻辑错误。

先秦出现了名辩学发展的第一个高峰，也是中国名辩学史上最光辉灿烂的一个时期。

二、秦汉魏晋时期

公元前 221 年，秦始皇统一中国，建立了中央集权的全国性政权。为了巩固和加强中央集权统治，秦始皇焚书坑儒，禁私学，奉行"以法为教""以吏为师"的政策。秦亡汉兴。汉武帝为加强中央集权制度，在思想领域里"罢黜百家，独尊儒术"。光武帝"宣布图谶于天下"，以谶断礼，以纬俪经，经学笺注与谶纬神学相结合，成为官方学术和统治阶级的思想形态。这些都严重地打击了名家的学术活动和思想传播，禁锢了人们的思想，破坏了名辩学发展的肥沃土壤，使名辩学的发展处于低潮。但是经过汉代进步思想家的理论批判和农民起义的武装打击，到了魏晋时期，"罢黜百家，独尊儒术"的思想桎梏被冲破，缙绅、博士意识动摇，古典繁琐的章句经学衰微；统治阶级内部矛盾尖锐，残酷杀戮现象屡次发生，一些名士逃避政治，远离时务，崇尚清议雅谈，造成"玉柄麈尾"的名流精神发抒，玄谈论辩之风大盛，出现了新的名辩高潮。

秦后 800 年间，虽然没有产生出超过先秦名辩学水平的重要著作，却提出了一些重要的名辩理论，对名辩学的发展做出了一定的贡献，概括起来说，有以下五点：

第一，秦汉之际，先秦名辩的流风余绪尚存。司马谈、司马迁父子作为太史，他们在整理编纂先秦诸子典籍时，肯定了名家的历史地位和正名思想的现实意义；《史记》中比较客观地保存了先秦有关名辩的大量宝贵资料。秦汉之际的《吕氏春秋》和《淮南子》都很重视对推理的研究，特别把着眼点放在以往在推类方面所发生的错误上，由此提出"类可推而不可必推"的重要命题。以上两部作品的作者通过进一步分析指出，前人推理失误的原因，主要在于事物同异关系的复杂性；他们进而考察具体事物内在的因果关系，推动了对归纳方法的研究。

第二，董仲舒创立"天人感应"和"君权神授"说，给儒学蒙上一层神秘的宗教色彩，名辩学也成了他论证神学的工具。值得注意的是，在董仲舒神秘的唯心主义的名号理论中，包含着极有价值的对概念属种关系的正确揭示。他似乎猜测到了属种概念在内涵和外延上的反变关系。

第三，王充、扬雄等人吸取当时的科学成果，以冷静的理智之光和澎湃的愤懑之情，在对谶纬神学和世俗迷妄进行尖锐的批判中，自觉地运用名辩学，发展了论证理论。他们不仅指出了论证的本质，而且总结出了正确论证和驳斥谬误的新的原则和方法。刘劭和嵇康总结魏晋论辩的丰富经验和教训，提出了论辩者应该具备的思维能力，划清了正确的论辩和诡辩的界限，进一步总结出论辩的具体原则和方法，其中不少内容和逻辑学的论证规则极为相近，有些内容是逻辑学所没有的。

第四，魏晋时期的言意之辨深化了古人对语言和思维关系的认识。言意关系问题在先秦就提出来了，到魏晋时成为玄谈家们的重要辩题之一。以王弼和欧阳建为代表的"言不尽意论"与"言尽意论"的争论，理论色彩更浓了，对言意关系提出了一些有价值的新论证。

第五，西晋鲁胜一生用很多精力研究先秦名辩学，在中国古代史上开了为《墨经》作注之先河。他的《墨辩注叙》对先秦名辩学做了比较系统的总结，是中国古代史上第一篇名辩学史文献。

总体来看，秦汉时期重因果、重效验的归纳逻辑得到发展；魏晋时期细致入微的分析方法几成时尚，同时也有一些名辩家继续发展了明真、求实的逻辑品格。

三、隋唐至明清时期

从总的情况看，隋唐至明末名辩研究几近沉寂。一些思想家和科学家，如刘知幾、邵雍、朱熹、陈亮、叶适、李贽等人在自己的著作中自觉地运用名辩学进行论证和说理，提出了一些有价值的思想和方法，但比较零碎，不够系统。比如，朱熹思想中一个重要的内容是"格物致知"。他认为"致知"全凭能"推"，"致知者，推致其知识而至于尽也"。朱熹所说的"推"，也是"以类而推"，是"从已理会得处推将去，如此便不隔越"。他说的"以类推之"，主要指的是在同一大类之中进行"推之"，而不是从两类事物的同异相推，因此具有演绎性质。陈亮作的《辩士传序》，是一篇有价值的名辩史篇章。

明末至19世纪末的300多年间，名辩学在曲曲折折的发展中产生了一些新的成果。1580年以后，西方一大批天主教教士陆续来到中国传教，也传播西方的科学。徐光启翻译的《几何原本》（1607），把一种全新的演绎思维方法介绍给中国的知识分子；李之藻翻译的《名理探》是西方逻辑学的第一个中译本。随着这两本书的出版和他们大力倡导科学思想与逻辑思维，对当时的中国产生了一定的影响，也在一定程度上刺激了中国名辩学的研究。

明末清初，一些学者拒绝为清廷服务，起而研究先秦的名家和墨家著作，复兴了中国传统的名辩学。程智著《守白论》，阐述16个名物范畴，继承并发展了公孙龙的名辩思想。傅山是我国17世纪杰出的思想家，他对《老子》《庄子》《亢仓子》《鬼谷子》《尹文子》《邓析子》《管子》《鹖冠子》《墨子》《公孙龙子》《荀子》《淮南子》等许多名辩著作或包含名辩思想的著作进行挖掘整理、分析研究，尤其是对《墨子》的《大取》《小取》篇和对《公孙龙子》《荀子》的研究与评注更为精深，提出了许多新鲜的见解。比如，他在阐释《大取》篇时，把"名"分为"实指之词"和"想象之词"；他对同异关系做了进一步研究，指出"浑同"和"私同"；他阐释公孙龙的"白马非马"说，提出"浑指"和"偏指"；他研究《荀子》，对"单名"和"兼名"提出了新的解释；等等。这是从西晋鲁胜以来，中国学者第一次对先秦名辩思想进行深入研究，开辟了对名辩学进行学术研究的新阶段。王夫之在批判地总结中国传统哲学时，不仅娴熟地运用了逻辑思维方法，而且也用辩证方法对中国古代名辩学的一些重要范畴进行了新的分析和概括。关于"名"，他指出，名是一个"通已往、将来之在念中"的理性思维过程，名能够准确地反映事物及其规律。他也强调"正名"，说"君子必正其名而立以为道"①，目的是用正确的名来指导人们的行动。关于"辞"，他指出，辞是"质"和"文"的统一，一俟文质统一，"于是而辞兴焉"。辞能够揭示事物之间的联系与事物的本质属性，正确的辞应该满足"义必切理"和"随事而迁"。关于"说"，他提出"比类相观"的推类方法，即依据事物的同异进行推论，"比类相观，乃知此物所以成彼物之利"②。总之，王夫之用辩证的思想方法对中国古代名辩学进行了新的认识。

清康雍乾嘉时期，是清王朝兴盛时期。为强化封建统治，统治者在思想上、学术上则提倡理学，大兴文字狱，禁锢自由思想，因此大批学者转向考据之学。鸦片战争失败后，外国资本入侵，中国进入半封建半殖民地社会。近代中国一批启蒙思想家呼吁改革，主张把研究传统的学术思想和变法改革的思想结合起来，也就是要用科学、民主思想去研究古代传统学术。这一时期的名辩学研究主要表现为两个方面：一是从汉学研究实践中总结出的名辩方法，二是对中国先秦名辩文献的整理、考证和注疏。

---

① 《尚书引义》。
② 《张子正蒙注》。

颜元在"求实重验"的基础之上提出"致"的推理。他说："致者，推而极之也……推而极之则又无彼不及，无外不周，无远不到之意也。"[1] 刘师培用逻辑比附中国名辩学，说："归纳者，即荀子所谓大共也，故立名以为界。""演绎者，即荀子所谓大别也，故立名以为标。"[2] 这种比附并不正确，但却反映出他想用逻辑解释名辩学的一种愿望。汪中带头倡导诸子之学，一大批学者整理和研究诸子之书，推动了对中国古代名辩文献的整理和对名辩思想的研究。辛从益的《公孙龙子注》，王念孙的《读荀子杂志》《读墨子杂志》，俞樾的《荀子平议》《墨子平议》，王先谦的《荀子集解》，孙诒让的《墨子间诂》，毕沅的《新考定经上篇》，张惠言的《墨子经说解》等，是众多注释中的佼佼者。这些注疏和评议不仅进一步挖掘出一些新的名辩思想，更为现代的名辩学研究做了资料准备，打下了坚实的基础。

四、19 世纪末至 20 世纪中叶

19 世纪末经历了戊戌变法运动之后，在思想领域和学术界也日益呈现出生气勃勃和自由奔放的新气象。以严复为主将的一批思想家系统地介绍西方科学和逻辑学，在中国思想界产生了很大的震动。特别是五四运动之后，介绍西方科学文化知识的热潮更是风起云涌，西方逻辑学进一步传入中国，一些颇有影响的逻辑教科书都被译成中文，逻辑学在中国生根和普及起来。

---

[1]《四书正误》卷二。
[2]《论理学史序》。

早在 5 世纪，印度古因明随佛教传入中国。7 世纪，唐玄奘又将印度新因明系统地介绍到中国来，并逐渐形成中国汉传因明系统。玄奘师徒研习因明只限佛场之内，在世俗社会影响不大，几十年后便沉寂不习。与西方逻辑系统地传入中国的时间相差不多，杨文会（1837—1911）托亲友从日本找回玄奘、窥基等因明论疏，经章太炎的倡导，使明清 500 年间在中国几成绝响的因明又获复苏与弘扬。

逻辑学的系统传入和普及，因明在中国的复苏与弘扬，推动中国知识界掀起研究名辩学的新高潮。这个时期名辩学研究的突出特点，就是与西方逻辑、印度因明进行比较研究，在比较研究中深化和丰富了名辩学。

最早有比较研究想法的是孙诒让。他写完《墨子间诂》之后致信梁启超，鼓励梁启超去开创逻辑、因明和名辩比较研究的盛业。梁启超不辱师命，他在《墨子之论理学》（1904）一文中将墨家名辩学与西方逻辑进行比较对照，肯定中国有像西方逻辑那样的学问。他用西方逻辑术语同名辩学的名、辞、说、实、意、故、或、假、效、譬、侔、援、推等名辩基本概念相比附，用西方逻辑的推理形式同名辩学的"法式"相比附，尽管有不少失误之处，却是初步做了系统的比照。

章太炎对名辩、因明、逻辑的不同论式做了比较。他说："辩说之道，先见其情，次明其柢，取譬相成，物故可形，因明所谓宗、因、喻也。印度之辩：初宗，次因，次喻。大秦之辩：初喻体，次因，次宗。其为三支比量一矣。《墨经》以因为故，其立量次第：初因，次喻体，次宗，悉异印度、大秦。……大秦与墨子者，其量皆先喻体后宗，先喻体者，无所容喻依，斯其短于因明立量者常则也。"^① 章太炎的这段话是深思之笔,极为精彩,今人可以不赞同他的某些观点,却都可以从中得到启发。章太炎对中国名辩学及名辩学史都提出了一些独到的看法。

胡适于 1917 年完成的博士论文《中国古代哲学方法之进化史》(1922 年付印时题名为《先秦名学史》),是中国第一部关于先秦名辩学史的学术著作。15 年后,郭湛波出版了《先秦辩学史》。尽管两书有众多观点不同,但都是从纵的方面对中国先秦名辩思想的系统研究。伍非百于 1932 年写成《中国古名家言》,虞愚出版《中国名学》(1937),章士钊出版《逻辑指要》(1943),则是从横的方面对先秦名辩思想作了系统阐述。上述著作也不同程度地体现了名辩与逻辑,或名辩与逻辑和因明的比较研究,是真正自觉地、系统地对名辩学所作的逻辑研究,表现了较高的学术水平。

总之,20 世纪前半期,名辩与逻辑一样,在思想界和教育界产生了较大影响。许多逻辑学著作以及中国哲学史、中国思想史的著作中都有专章或专节介绍中国古代名辩学思想。

五、20 世纪 50 年代至 20 世纪末

20 世纪 50—60 年代中期,我国名辩学研究比较薄弱。1956 年初,中共中央和国务院号召全国知识分子向科学进军,组织有关方面制定 1956—1967 年科学发展远景规划,当时逻辑学界把中国逻辑史作为薄弱学科之一列为发展的重点。但到

---

① 章太炎:《原名》。

1966 年"文革"前的 10 年间，由于国家政治运动多，学者们缺乏良好的科学研究环境和充裕的研究时间，中国逻辑史研究仍未摆脱薄弱的状况。1949—1966 年的十六七年间，在《墨经》研究方面发表了沈有鼎的《墨辩的逻辑学》（1954—1956 年《光明日报》连载），出版了詹剑峰的《墨家的形式逻辑》（1958）、谭戒甫的《墨辩发微》（1958 年出版，1964 年修订）、高亨的《墨经校诠》（1958）等几部重要著作。沈有鼎的《墨辩的逻辑学》不仅诂解了《墨经》中有关逻辑学的文字，纠正了前人对《墨经》的一些不解和误解，更揭举出《墨经》逻辑的体系，挖掘出《墨经》中许多重要逻辑思想，把《墨经》的逻辑研究推向了新的阶段。[①]同时，沈有鼎、谭戒甫都对三种逻辑传统的推论形式进行了比较研究。

　　20 世纪 70 年代末到 20 世纪末的 20 多年间，我国名辩学研究有了蓬勃发展，取得了丰硕的成果。

　　结束"文革"，迎来了科学的春天。1978 年在北京召开首次全国逻辑学讨论会，1979 年成立中国逻辑学会，1980 年成立中国逻辑史研究会，极大地推动了名辩学研究。在研究会的组织下，全国从事中国逻辑史研究的专家、学者们发挥集体力量，花近 10 年功夫，完成了国家"六五"重点科研课题《中国逻辑史》（5 卷）和配套工程《中国逻辑史资料选》（5 卷）两套书。两个"5 卷本"对中国历史文献中的名辩思想史料做了认真、详尽的挖掘和梳理，对中国名辩思想发展的历史做了比较系统

[①]　参见刘培育:《沈有鼎研究先秦名辩学的原则和方法》,《哲学研究》1997 年第 10 期。

的阐释，对近百年来的名辩思想研究成果做了比较全面的总结。70年代末至80年代末的10年里，还出版了汪奠基的《中国逻辑思想史》（1979）、周文英的《中国逻辑思想史稿》（1979）、温公颐的《先秦逻辑史》（1983）、周云之与刘培育的《先秦逻辑史》（1984）、孙中原的《中国逻辑史（先秦）》（1987）等断代史和通史著作；出版了沈有鼎的《墨经的逻辑学》（1980）和陈孟麟的《墨辩逻辑学》（1983）等名辩专著研究著作。

进入20世纪90年代，一批学者开始对近代以来的名辩学研究进行反思，也包括反思前十年中国逻辑史研究的得与失。我认为，前十年的成果是喜人的，但也存在一些问题：一是有把中国古代逻辑与名辩学等同的倾向；二是有用传统逻辑体系建构中国名辩学的倾向；三是从学术成果层面上看，尚缺乏重大的创新与突破。[①] 于是有学者强调，名辩学与中国古代逻辑是两个不同的概念，要先花一些精力去探讨与逻辑、因明相对应的中国名辩学和中国名辩学史，弄清其本来面貌，再回过头来研究名辩学中的逻辑理论，揭示中华民族在世界逻辑史上的贡献以及它可能给予现代人一些什么样的启示。这样做，既有助于透彻了解中国名辩学到底是一门怎样的学问，也有助于展现中国古代逻辑及中华民族思维传统的特点。[②]90年代先后出版了刘培育的《中国古代哲学精华·名辩篇》（1992）、周云之的《先秦名辩逻辑指要》（1993）和《名辩学论》（1996）、张晓芒的《先秦辩学法则史论》（1996）、崔清田主编的《名学与辩

---

① 参见刘培育：《名辩学与中国古代逻辑》，《哲学研究》1998年增刊。
② 参见《繁荣逻辑科学，促进哲学发展——访中国社会科学院哲学所逻辑室五学者》，《哲学动态》1995年第12期。

学》（1997）、陈孟麟的《先秦名家与先秦名学》（1998）、董
志铁的《名辩艺术与思维逻辑》（1998）等以名辩或名学、辩
学命名的著作；出版了彭漪涟的《中国近代比较逻辑思想史论》
（1991）、周山的《绝学复苏——近现代先秦名学研究》（1997）、
崔清田的《显学重光——近现代的先秦墨学研究》（1997）等
反思近代以来名辩研究的著作。这些著作将中国名辩学研究引
向科学与深入。

　　我们期望21世纪的名辩学研究能有新的突破，取得更丰
硕的成果。

第二章 名

中国名辩学研究的对象之一是名。名的主要含义是概念，有时也有名称或语词的意思。

"名"字在中国古代有一个漫长的演变过程。最早在甲骨文中就出现了"名"字，写作"ᗡ丬"或"ᘻᗡ"。一边的"ᗡ"是夕，借用月牙形，表示黑夜；一边的"丬"是口，借用人张嘴形，表示说话的声音。《说文》云："名，自命也。从口从夕。夕者，冥也，冥不相见，故以口自名。"可见"名"的最初意思是借助于说话的声音来指称一个特定的人，在特定的环境中担负着指谓和交际的功能。

随着人类生产活动和交际范围的不断扩大，"名"从以语音为载体发展到以语形（文字）为载体；名的含义也逐渐发生变化，由自命发展到命他，由指称特定的具体事物到反映一类事物的属性，名也就逐渐具有了概念的性质。

春秋末年，社会大变动，思想界展开了名实之争。名实之争首先是哲学之争，"名"属于人的主观认识范畴，"实"是认识的对象，名实关系实际上是认识主体和认识客体、主观认识和客观对象的关系。但名实之争中也包含逻辑问题。"名"一旦和"实"对照起来，并且又同"辩"联系起来，也就有了逻辑的意义了。

第一节　名、指、称

一、"实立而名从"

中国古代思想家比较普遍地认为：有实，才有名；无实，也就无名。《管子》说："物固有形，形固有名。"[①]《墨经》说："有之实也，而后谓之。无之实也，则无谓也。"[②] 又说："名，实名。实不必名。"[③] 东汉末期思想家徐幹说得比较详细，他说："名者，所以名实也。实立而名从之，非名立而实从之也。故长形立而名之曰长，短形立而名之曰短；非长短之名先立，而长短之形从之也。"[④] 明清之际思想家王夫之说得更为明快，他说："名非天造，必从其实。"[⑤]

上述思想，实际是强调了两点：一是肯定实先名后，反对名在实先；二是名要服从实，而不是要实服从名。这是古代学者一种极为素朴的唯物论思想。

---

① 《管子·心术上》。
② 《墨经·经说下》。
③ 《墨经·大取》。
④ 《中论·考伪》。
⑤ 《问思录·外篇》。

二、"名也者，所以期累实也"

后期墨家在总结前人思维成果的基础上，试图揭示名的本质。《墨经》提出："以名举实。"①什么是举？举是列举和模拟的意思。"举，拟实也。"②这就是说，名是列举和模拟实（认识对象）的。《墨经》又说："所以谓，名也。所谓，实也。"③正确地指出名是指谓实的，实是名所指谓的。公孙龙也提出过类似的看法，他说："夫名，实谓也。"④这说明，后期墨家和公孙龙都已经认识到名具有指谓实的作用。荀子进一步给名下了定义："名也者，所以期累实也。"⑤"期"是会通、反映的意思。"累"，指数量很多。这句话是说，名是对许许多多事物的反映。或者说，名是反映一类事物的。荀子不仅肯定了名是对实的反映，而且强调了名是对一类事物的反映，这就进一步深化了对概念的本质的认识。

三、"名必有所分"

三国时魏国玄学家王弼提出了"名必有所分""有分则有不兼"。⑥意思是说，名不反映事物的全部属性（"不兼"），而只反映事物的部分属性（"有分"）。王弼认为，名对事物的反映是

---

① 《墨经·小取》。
② 《墨经·经上》。
③ 《墨经·经上》。
④ 《公孙龙子·名实论》。
⑤ 《荀子·正名》。
⑥ 《老子指略》。

有条件的、有局限性的，进而得出名言不能准确反映和正确表达绝对的、无条件的道的错误结论。但是王弼所谓的"名必有所分""有分则有不兼"的说法，恰恰同今天逻辑学关于概念是反映认识对象的特有属性（而不是全部属性）的认识是一致的。这是一个很有意思的现象，值得我们注意。

四、名与指

《墨经》的作者区分了名和指。指，是用手来指具体事物。它是比用名举实更为原始、更为直接的交流思想的方式。《经说下》说："或以名视人，或以实视人。举友'富商也'，是以名视人也。指是'霍也'，是以实视人也。""视"与"示"通。"霍"，乃是一种兽名，又为姓。上面这段话的意思是，如果对人说"我的朋友某某是大富商"，这句话中的"某某"是一个名，这是"以名举实"。如果用手指着眼前的一个动物，对人说"这是霍"，这种动作就是指。以名举实，实可以不必在眼前；而以手指实，实必须在眼前。这就是《墨经》所说的：

> 所知而弗能指。说在春也、逃臣、狗、犬、遗[①]者。[②]
> 春也其死[③]，固不可指也，逃臣不智其处，狗、犬不智其名也，遗者巧弗能两也。[④]

"春"是人名，"逃臣"指逃亡的奴隶。上面两段话是说，有些

---

① "遗"旧作"贵"，从张惠言校改。
② 《墨经·经下》。
③ "死"旧作"执"，从沈有鼎校改。
④ 《墨经·经说下》。

所知的事物是不能指的。比如，春这个人已经死了，或者逃亡的奴隶不知去向，这时你尽管知道这两个人，仍不能用手指，因为他们不在你眼前。又比如，狗和犬是同一种动物，当有人不知"狗""犬"之名时，你仅用手指去指眼前的这同一个动物（狗），那人仍区别不开"狗"和"犬"来。再比如，遗失了的宝物，不但指不出来，就是巧工也不大可能再做出个与原来一模一样的宝物（"遗者巧弗能两也"）。如此种种情况，指都不能发挥作用，而名却有用武之地。

这说明，在进行思想交流时，名比指能发挥更大的作用。

五、名与称

王弼对名和称作了区分。他说：

> 名也者，定彼者也。称也者，从谓者也。名生乎彼，
> 称出乎我。[1]

"彼"是客体，是认识对象。"我"是主体，是认识者，或人的观念和意向。王弼认为，名是依据客体（事物）而产生的，"凡名生于形，未有形生于名者也"[2]，名的作用是区别和确定事物的，"有此名必有此形"[3]。称则不同，它是认识者制定的，"称谓出乎涉求"，顺从认识者的意向。由此可见，王弼所说的"名"，是概念；他所说的"称"，是称呼或专有名称。概念反映事物的特有属性，具有确定性；名称不一定反映对象的特有属性，它可以因人而异，

---

[1] 《老子指略》。
[2] 《老子指略》。
[3] 《老子指略》。

具有随意性。如果这种分析可以成立的话，王弼区分名、称则是一个重要的贡献。

或许也可以做另一种解释：名是命题的主项，反映具体对象（事物）；称是命题的谓项，反映对象（事物）的属性。对象是客观的、确定的，而人对对象的属性的认识则是主观的、不那么确定的。如果这种理解可以成立，王弼区分名和称同样是一个重要贡献。

第二节 "所为有名"

荀子说："所为有名……不可不察也。"[①]就是说，为什么要制名、命名，其中的道理是必须弄清楚的。荀子是怎样回答这个问题的呢？他说：

> 异形离心交喻，异物名实玄纽。贵贱不明，同异不别。如是，则志必有不喻之患，而事必有困废之祸。故知者为之分别制名以指实，上以明贵贱，下以辨同异。贵贱明，同异别，如是，则志无不喻之患，事无困废之祸。此所为有名也。[②]

这里，荀子从正反两个方面说明了制名的意义。首先，名的直接作用是"别同异"，即正确分辨认识对象的同异，从而能够成功地进行交际。世界上的事物总是有同有异的，如果相同的事

---

① 《荀子·正名》。
② 《荀子·正名》。

物命以相同的名，不同的事物命以不同的名，那么人们就能够正确地分辨对象，从而进行正确的交际。人们的思想可以沟通了，做起事来也就容易成功了。不然的话，相同的事物没有命以相同的名，不同的事物没有命以不同的名，那么就必然造成不同事物的互相混淆，使人们无法进行成功的交际。思想产生了隔阂，做起事来就要遇到困难，甚至遭到失败。其次，名的间接作用，在荀子看来也是更为重要的作用，是"明贵贱"，即明确社会上不同人的尊卑贵贱。荀子认为，通过制名使社会上的贵贱尊卑分明起来，这样人们就可以各安其位，各尽其责了，由此就可以达到国家的长治久安。否则，不通过制名使社会上的尊卑贵贱明确起来，就会造成贵贱不分，尊卑易位，则国家乱。

荀子以上两个方面的论述，后者是从社会意义上考虑的，而前者则是从逻辑上着眼的。通过"分别制名以指实"，达到"名闻而实喻"①，这是形成概念（名）的逻辑意义。这点是应该肯定的。

后期墨家在"别同异"方面做了更为深入的探索，他们区别了多种不同的"同"和不同的"异"。比如：

　　同：重、体、合、类。②

　　二名一实，重同也。不外于兼，体同也。俱处于室，合同也。有以同，类同也。③

这是对"同"所做的进一步区分。《墨经》作者把"同"分为重同、体同、合同、类同四类。重同是"二名一实"，如孔子和

---

① 《荀子·正名》。
② 《墨经·经上》。
③ 《墨经·经说上》。

仲尼，狗和犬①。体同是"不外于兼"，指某物的两个组成部分，如树根和树干，一个人的胳膊和腿。体同又可以称为"连同"②。合同是"俱处于室"，即二物在一起，如二人合居一室。合同又称为"具同"③。类同是"有以同"，即两个事物有某个方面或某些方面相同，换言之，是两个事物部分相同，不是全同。这所谓的"部分相同"，应指事物的本质相同。类同，是对概念的形成最为重要的"同"。

《墨经》对"异"的区分，比如：

异：二、不④体、不合、不类。⑤

二必异，二也。不连属，不体也。不同所，不合也。不有同，不类也。⑥

这里列举的四种"异"，与前面列举的四种"同"，正好一一相对，故不赘述。在这四种"异"中，"不类之异"是本质上的异，对形成概念来说是最为重要的"异"。

从上面的介绍可以看出，《墨经》的作者们对同异的研究是相当全面的。

---

① 《墨经·经下》说："狗，犬也，而杀狗非杀犬也，不可，说在重。"《墨经·经下》说："知狗而自谓不知犬，过也，说在重。"

② 见《墨经·大取》。

③ 见《墨经·大取》。

④ "不"字旧脱，从毕沅校增。

⑤ 《墨经·经上》。

⑥ 《墨经·经说上》。

第三节　"审分"

"审分"说的是分类问题。韩非提出"明分以辩类"[①]，即通过划分，把不同的认识对象分为不同的类。《吕氏春秋》提出"审分"[②]，有两方面的含义：一是审百官之职，解决当时社会上存在着的"官职烦乱悖逆"问题；二是审名实之类，纠正名实悖谬的问题。我们准备在这一节里主要介绍古代名辩家对名的分类。在介绍名的分类之前，先说明古代名辩学提出的有关分类原则的思想。

一、"偏有偏无有"

"偏有偏无有"是《墨经》提出的分类原则。它的基本内容是：分类的标准必须是一方偏有、一方偏无的属性。《墨经》说：

> 牛与马惟异，以牛有齿，马有尾，说牛之非马也，不可。是俱有，不偏有偏无有。曰："牛与马不类，用牛有角，马无角，是类不同也！若举牛有角，马无角，以是为类之不同也，是狂举也。犹牛有齿，马有尾。"[③]

就是说，以"牛有齿""马有尾"作为划分牛类与马类的标准，是不正确的，因为牛和马都有齿也都有尾，这不符合"偏有偏无有"的要求。《墨经》认为，以"牛有角、马无角"作为划分牛与马的标准像是符合了"偏有偏无有"的原则，其实质仍是

---

① 《韩非子·扬权》。

② 参见《吕氏春秋·审分览》。

③ 《墨经·经说下》。

不正确的（"狂举"），因为这个"偏有偏无有"没有反映牛类和马类的本质属性。这说明，《墨经》所立的分类原则是：在本质属性上"偏有偏无有"。

《墨经》的上述思想不是凭空而来的。公孙龙在实际中已经运用了"偏有偏无有"的原则。他说：

> 羊牛有角，马无角；马有尾，羊牛无尾。故曰羊合牛非马也。[①]

名是反映事物的，因此对事物的分类必然要表现为对名的分类。下面，我们集中介绍名辩学对名的分类。

二、达、类、私

《墨经》作者从外延上把名分为三种：

> 名：达、类、私。[②]

> 物，达也，有实必待之名也命之。马，类也，若实也者，必以是名也命之。臧，私也，是名也止于是实也。[③]

就是说，名从外延上可分为达名、类名、私名三种。达者，周遍也。达名是外延最大的名，只要有事物，就一定能用它来命名。如"物"，人们可以用它来指谓宇宙间的任何事物而不发生错误。类名，是指称一类对象的名。或者说，只要是具有如此这般性质的一类事物，都一定可以用这个类名来称谓。如"马"，凡具有马的性质的动物都可以用"马"这个类名来称谓。私名，

---

① 《公孙龙子·通变论》。

② 《墨经·经上》。

③ 《墨经·经说上》。

是指称一个特定对象的名。如"臧"（一个奴隶的名字）这个名，它仅限于指称臧这个实。可见，《墨经》所谓的达名相当于范畴，类名相当于一般的普遍概念，私名便是单独概念。

三、共名与别名

荀子从外延上把名分为共名和别名两种。细细体会荀子的思想，可以看出：遍举一类事物的所有对象，用共名，如"马"；只举一类事物的部分对象，则用别名，如"白马"。共名与别名的划分是相对的。在共名之上，还有外延更大的共名；在别名之下，也有外延更小的别名。一个共名，相对于比它外延更大的共名来说是别名；一个别名，相对于比它外延小的别名来说又是共名。荀子说："故万物虽众，有时而欲遍举之，故谓之'物'。'物'也者，大共名也。"① 荀子所说的"大共名"，相当于后期墨家所讲的"达名"。因此，他们都以"物"为例。相反，外延最小的别名，叫大别名。荀子所说的"大别名"，是否和《墨经》的私名，即单独概念相当，尚不敢肯定。因为荀子心目中的概念（名）是反映一类对象的。他是否认为一个对象也是一类，从文献中看不出来。

四、形貌之名与非形貌之名

先秦的名辩家们已经认识到，反映有形貌的具体事物之名，

①《荀子·正名》。

与反映不具有形貌的事物属性之名是不同的。《墨经》的作者们由此把名分为形貌之名与非形貌之名两种。

《大取》说："以形貌命者，必智是之某也，焉智某也。不以形貌命者，虽不智是之某也，智某可也。"又说："诸以形貌命者，若山、丘、室、庙者皆是也。"① 可见，根据对象的形貌所命的名，如山、丘、室、庙等，都是实体概念，或称具体概念；而根据对象的非形貌所命的名，如白色、大小等则是属性概念，或称抽象概念。对名的这种区分，与形式逻辑是一致的。为什么要做如此区分，它的意义是什么？

《墨经》作者们指出，形貌之名可以根据所指称的具体对象的不同方面的形貌而命以不同的名。比如，"长人之异，短人之同，其貌同者也"，可以同命之为"人"；而"人之体非一貌者也"，又可以分别命之为"男人"或"女人"。非形貌之名则不然。"苟是石也白，败是石也，尽与白同"②，一块白色的石头，不论其是整体，还是打碎了，仍可名之为"白"。"白"这种属性之名，既不随对象形貌的变化而改变，也不随对象的数量变化而变化，所以《墨经》说："诸非以举量数命者，败之尽是也，故同。"③《墨经》对形貌之名与非形貌之名的区分有助于人们正确地运用概念。

---

① 《墨经·大取》。

② 《墨经·大取》。

③ 《墨经·大取》。

五、兼名与单名

《墨经》和《荀子·正名》篇都讲到兼名。兼名是一种什么样的概念，学术界的看法不同。我认为，兼名是反映对象总体属性的概念。

荀子在讲到命名方法时说："……单足以喻则单，单不足以喻则兼；单与兼无所相避则共，虽共不为害矣。"[①] 荀子在这里将"兼"与"单"对举，但没有揭示兼与单的含义，也没有举例说明，因此解释者众说纷纭。

《墨经》则对兼名有进一步的说明：

牛马之非牛与可之同。说在兼。[②]

或不非牛而"非牛也"可，则或非牛或牛而"牛也"可。故曰"牛马非牛也"未可，"牛马牛也"未可。（按：以上难者语）则或可或不可，而曰"'牛马牛也'未可"亦不可。且牛不二，马不二，而牛马二。则牛不非牛，马不非马，而牛马非牛非马，无难。[③]

上面这几段话叙述了不同学派就"牛马非牛"这一命题的辩难。墨家主张"牛马非牛"是个正确的命题，理由是"牛马"是兼名，而"牛"或"马"不是兼名。

按照《墨经》的看法，"牛不二，马不二，而牛马二"，就是说"牛马"这个概念所反映的对象是由牛和马两种动物组成的总体。牛马作为一个总体，它的性质既不同于牛的性质，也

---

① 《荀子·正名》。

② 《墨经·经下》。

③ 《墨经·经说下》。

不同于马的性质。所以,《墨经》说:"牛马非牛非马,无难。"形式逻辑讲集合概念,指出"集合概念"是反映一类事物的集合体的性质的,而一类事物集合体的性质与组成这个集合体的分子的性质是不必相同的。比如许许多多的树木组成森林这个集合体,森林的性质与树木的性质则不同;许许多多的工人组成工人阶级这个集合体,工人阶级所具有的属性,一个个工人也不一定具有。正如一朵花可以叫花,但不能叫花卉,因为花卉是花的集合体,一朵花不一定具有花卉的属性。《墨经》的作者似乎是看到了集合概念与非集合概念的区别。

荀子和《墨经》讲的"兼名"都可以看作是集合概念。但二者又有所区别。主要区别有两点:

(1)荀子将兼名与单名相对,而《墨经》将兼名与体名相对。《经上》说:"体,分于兼也。"兼是整体、总体,而体是部分。相比之下,荀子把"兼"与"单"对举,更为准确。

(2)荀子和《墨经》作者都看到"兼"与"非兼"的不同,但荀子说:"单足以喻则单,单不足以喻则兼。"从语感上体会,他似乎关注的是二者在"喻"上的联系,而对二者的区别没有作突出的强调。《墨经》则不然,它鲜明地提出"'牛马'非'牛'"(或"'牛马'非'马'"),在同辩难者的论辩中强调了兼名与非兼名的根本区别,这是有意义的。正因为荀子和《墨经》的出发点不同,荀子到头来竟反对起墨家的"牛马非牛"来了,认为这是"以名乱名"的诡辩。(此点后面再谈)

但是,与其把兼名比作形式逻辑的集合概念,不如理解为集合论意义上的集合。形式逻辑里的集合概念,通常是把一类相同事物作为一个整体来反映,如前面举的许多树的集合是森林，若干花的集合是花卉等。集合论意义上的集合则是可以把一些不同的事物作为一个整体来考虑。从这个角度看，把"牛马"这类兼名作为集合论意义上的集合来思考也许更贴切些。用集合论理论来解释"牛马非牛，说在兼"，即"牛马"这个集合包含牛和马两种元素，"牛"（或"马"）这个集合只包含一种元素。因为两个集合里的元素不同，所以两个集合不同。这就是《墨经》所说的"牛不二，马不二，而牛马二"。这种说法是符合集合论的外延性原理的。所以，《墨经》最后说："牛不非牛，马不非马，而牛马非牛非马，无难。"由于难者不是把"牛马"当作一个整体（集合），而是看作两个类名的简单并列，所以才对《墨经》的"牛马非牛"提出非难。

《墨经》中还有一个条目：

　　彼此彼此^①与彼此同。说在异。^②

　　正名者，彼此彼此可彼彼止于彼，此此止于此。彼此不可彼且此也。彼此亦可彼此止于彼此。^③

如果用集合论的理论来解释，《经下》的"彼此彼此与彼此同"，即：

　　{彼此，彼此} = {彼此}；

《经说下》的"彼此彼此可彼彼止于彼，此此止于此"，即：

　　{彼此，彼此} = {彼彼，此此}（集合元素的无序性），

　　{彼彼，此此} = {彼，此}（元素的不重复性）；

《经说下》的"彼此不可彼且此也"，即：

---

① "彼"字旧均作"循"，从梁启超校改。

② 《墨经·经下》。

③ 《墨经·经说下》。

{彼此} ≠ {彼} 或 {彼此} ≠ {此}

我们如果把"彼此"看作是"牛马"的代号，那么{彼此} ≠ {彼} 或 {彼此} ≠ {此} 就和"牛马非牛"或"牛马非马"是一回事了。《经说下》的"彼此亦可彼此止于彼此，"即：

{彼此} = {彼此}

话又说回来，我们用集合论的思想来解释《墨经》对兼名的正名，并不是说《墨经》作者在两千多年前已经具有了系统的集合论理论。但是，如果说他们确实看到了兼名与普通类名、共名的不同，并在分析兼名与类名、共名的差别时发现了兼名的某些特殊性质，这是可以的。

其实，有类似看法的，并不限于《墨经》的作者们。《公孙龙子·名实论》中有下面的一段话：

> 其名正，则唯乎其彼此焉。谓彼而彼不唯乎彼，则彼谓不行。谓此而此不唯乎此，则此谓不行。其以当，不当也。不当而当，乱也。故彼彼当乎彼，则唯乎彼，其谓行彼。此此当乎此，则唯乎此，其谓行此。其以当，而当也。以当而当，正也。故彼彼止于彼，此此止于此，可。彼此而彼且此，此彼而此且彼，不可。

这里分明也说到"彼彼止于彼，此此止于此，可。彼此而彼且此，此彼而此且彼，不可"。这同上面《墨经》的话几乎是一样的，意思也当相同。可见，早在战国末期，名辩家们所触及的关于集合的一些思想，并不是个别的、偶然的。

第四节 "名"与"号"

本节主要介绍名辩学有关名之大小及其相互关系的一些思想。

一、"白马非马"

"白马非马"是公孙龙的一个著名命题。对它的评价，在中国哲学史上长期以来众说纷纭。有人把"白马非马"解释为"白马不是马"，因此大骂公孙龙搞诡辩；有人把"白马非马"解释为白马类不同于马类，或"白马"这个概念不同于"马"概念，因此肯定公孙龙天才地发现了属种概念的区别。

在古代，"非"可以当"不是"讲，也可以当"有异于"或"不同于"讲。笔者赞成上面的后一种看法。说句公道话，在《公孙龙子·白马论》中，公孙龙是明明白白承认过白马是马的。他说"白马非马"，主要讲了两条论据，一曰："求马，黄、黑马皆可致;求白马，黄、黑马不可致。"就是说"马"与"白马"这两个概念的外延不同。二曰："马者，无去取于色……白马者，有去取于色……无去者非有去也，故曰白马非马。"就是说"马"与"白马"这两个概念的内涵不同。既然"白马"与"马"这两个概念在外延和内涵两个方面都不同，所以"白马"这个概念不同于"马"概念，这是说得通的。如果把"白马非马"这个例子说得再细致一点，上面所引的两段话也分明是说"白马"的外延比"马"的外延小（不包括黄马、黑马……），而"白马"的内涵比"马"的内涵多（多了一个白色）。如果把这个例子看作是一个典型、一个代表，就可以得出属种概念在内涵和外延上有反变关系的结论。遗憾的是，公孙龙没有直接得出这个结论，他甚至对属种关系也不一定有自觉的认识，他只强调了"白马"与"马"这样两个概念的不同。

公孙龙是个有名的辩者，他有和别人进行论辩的"雅兴"。为做惊人之举，他有时可能故意把一个命题说得不那么明白，而又有意同人们的常识开玩笑。笼统地说"白马非马"，自然就可以有不同的解释；如果明白地说"白马"这个名与"马"这个名不同，或者像我们现在这样写出"'白马'不同于'马'"，人们也就不会同他辩了，他的"雅兴"也就无处可发了。

二、"号凡而略，名详而目"

到了西汉，董仲舒把名辩学当作奴婢去论证神学，这是不可取的。但是如果剥去神学迷雾，他的名号理论却包含一些值得珍视的思想。他说：

> 名众于号，号其大全。名也者，名其别离分散也。号凡而略，名详而目。目者，遍辨其事也；凡者，独举其大也。……物莫不有凡号，号莫不有散名，如是。[①]

号相对于散名（简称"名"）来说，是大概念，散名是小概念。比如他说："享鬼神者号一，曰祭。祭之散名：春曰祠，夏曰礿，秋曰尝，冬曰烝。猎禽兽者号一，曰田。田之散名：春苗，秋蒐，

---

① 《春秋繁露·深察名号》。

冬狩,夏狝。"① 可见,号是属概念,名是种概念。享鬼神之"祭"为号,是属;不同季节的"祭"——"祠""礿""尝""烝"为散名,是种。同样,猎禽兽之"田"为号,是属;不同季节之"田"——"苗""蒐""狩""狝"为散名,是种。董仲舒指出,"物莫不有凡号,号莫不有散名"。号指称一大类对象,名则命别离分散之物,因此"名众于号"。号和名相比,其外延较大,而内涵较少("号凡而略");名和号相较,则其外延较小而内涵较多("名详而目")。似乎董仲舒已经猜测到属种概念之间在内涵和外延上有一种反变关系。如果这一分析可以成立的话,那么,董仲舒就比公孙龙在"白马非马"中所揭示的属种概念之间的关系前进了一大步。

三、"推而共之"与"推而别之"

荀子则从另一个角度深化了公孙龙的属种关系理论。他指出,共名和别名的区分是相对的,共名和别名各为有层次的序列。他说:"推而共之,共则有共,至于无共然后止……推而别之,别则有别,至于无别然后止。"② 就是说,共名沿着共的方向推演,在共名之上还有共名。但这个推演不是无止境的,当推演到大共名,即"无共",也就停止了。这正如形式逻辑所讲的,概念的概括到了最高范畴(在其上再没有外延更大的概念了)也就停止了。同样,别名沿着别的方向推演,在别名之下

① 《春秋繁露·深察名号》。
② 《荀子·正名》。

还有别名。但这个推演也不是无限的,当推到外延最小的别名时,也就停止了。这同形式逻辑讲的概念的限制过程,也是毫无二致的。荀子在公元前3世纪的战国末期,用中华民族自己的语言,精彩地描述出概念的概括和限制的过程,令人赞叹不已,不能不说这是中国古代名辩家对逻辑学的一个重要贡献。

第五节 正名

中国古代名辩学对名的规范,最重要的是名要有确定性,即名要副实,也就是正名。

正名是孔子最早提出来的。《论语·子路》记载了孔子回答子路"为政奚先"的一段话:"必也正名乎。……名不正,则言不顺;言不顺,则事不成;事不成,则礼乐不兴;礼乐不兴,则刑罚不中;刑罚不中,则民无所措手足。"孔子把正名提到了治国之首的地位,想通过正名去纠正名实相悖的混乱局面,消除国家乱而不治的根源。孟子把孔子"正名以正政"的思想扩大为"正人心,息邪说,距诐行,放淫辞"[1]。公孙龙明确地提出了"唯谓"的正名学说。荀子集儒家之大成,创立了正名逻辑体系。韩非把正名与刑法相结合。东汉末期以后,一些思想家用正名学说去进行人物品评。

下面,摘其要者说明古代名辩家关于正名的内容、方法、意义等方面的思想。

---

[1] 《孟子·滕文公下》。

一、"其名正，则唯乎其彼此焉"

公孙龙在《名实论》中讲了两段非常重要的话。头一段是：

天地与其所产焉，物也。物以物其所物而不过焉，实也。实以实其所实而不旷焉，位也。出其所位，非位。位其所位焉，正也。以其所正，正其所不正。不以其所不正，疑其所正。其正者，正其所实也。正其所实者，正其名也。

公孙龙在这里对物、实、位、正诸范畴作了明确的规定。物是天地及其所产生的一切事物，实是物自身存在的根据。公孙龙将"物"与"实"对举，赋予"实"以特殊的含义，这是他在实的认识上高于其他思想家的地方。"位"是实的界限。"正"是对位的规定。一个物，依其自身的根据而存在于一个它应该存在的位置上，就是正。正者，包括正"其所实"和正"其所位"，相当于从内涵和外延两个方面去正。公孙龙还进一步指出了正名和正实的关系，即"其正者，正其所实也"。其所实正，则其名正也。一个概念的内涵确定了，其外延自然也就确定了。并且他提出，要"以其所正，正其所不正。不以其所不正，疑其所正"，就是说，在名实关系上，要用名实相符的情形去纠正名实混乱的情形，而不能用名实相悖的情形来怀疑名实相符的情形。

《名实论》紧接着又说了前面曾引过的一段话：

其名正，则唯乎其彼此焉。谓彼而彼不唯乎彼，则彼谓不行。谓此而此不唯乎此，则此谓不行。其以当，不当也。不当而当，乱也。

就是说，正确的名应该具有确定性。"彼"之名，必须专指彼之实；

"此"之名，专指此之实。如果"谓彼"，而"彼"之名不专指彼之实；或"谓此"，而"此"之名不专指此之实。那么，这样的"彼""此"之名就是不正的。用不正之名去进行思想交流，就会产生"以当不当，不当而当"的混乱现象，思想交流也就无法进行。

综上可以看出，公孙龙完全摆脱了儒家正名的政治伦理内容，自觉地在纯逻辑角度系统地讨论正名的理论、原则和方法。他的"唯谓"理论（学术界常常这样称呼公孙龙的正名学说）是对中国古代名辩学的一个重要贡献。

后期墨家曾对公孙龙的"唯谓"理论提出过批评。《墨经·经下》说："惟吾谓，非名也，则不可，说在仮。""惟"与"唯"同，"仮"即反。就是说，如果一个人是按着他自己的观念去命名（"吾谓"），又"惟"乎此，那么他所命的名，就是"非名"，即错误的名。后期墨家这里是在强调命名的"约定俗成"原则，有一定的合理性（关于约定俗成问题，后面还会谈）。但是对公孙龙提出的这个批评，可能有点"无的放矢"，因为从现存的公孙龙的著作中，我们只看到他提出"唯谓"，并没有提出"惟吾谓"。"唯谓"和"惟吾谓"显然是不同的。过去曾有文献说，公孙龙的著作有14篇，是否他在已佚的著作中讲过"惟吾谓"，就不得而知了。

二、"制名枢要"

荀子十分强调正名，即名实相符，要做到"名闻而实喻"，"名定而实辨"。[①]

为达到正名的目的，荀子总结出一套制定名的要领和方法，名之曰"制名枢要"[②]。"制名枢要"主要包括以下五点内容：

（1）"同则同之，异则异之"。两句话中的前一对"同""异"，指的是实；后一对"同""异"，指的是名。荀子认为，名是反映实的，因此制定名必须依据实。客观事物有同有异，人们认识了事物的同和异，就要根据事物的同异"分别制名以指实"。相同的事物，其名也同；不同的事物，其名也异。做到"同实者莫不同名"，"异实者莫不异名"。

（2）"单足以喻则单，单不足以喻则兼"。单是单名，兼是兼名。"牛""马""石""山"等是单名；"牛马""夫妻""兄弟"等是兼名。单名是通常的普遍概念，兼名是集合概念。某些事物如果用单名能表达明白就用单名；如用单名不足以表达明白就用兼名。

（3）"遍举"用"共名"，"偏举"用"别名"。前面说过，荀子把名分为共名与别名。共名是反映一类事物全部的概念，别名是反映一类事物中部分事物的概念。荀子指出，如果要遍举一整类事物，用共名；如果要偏举一类中的部分对象，用别名。比如，要遍举所有的马，就一定要用"马"这个共名；要偏举马中的一部分，比如只举白色的马，就要用"白马"这个别名。

（4）"约定俗成"和"径易不拂"。荀子说："名无固宜，约之以命，约定俗成谓之宜，异于约则谓之不宜。名无固实，约

---

① 《荀子·正名》。
② 《荀子·正名》。

之以命实，约定俗成谓之实名。"就是说，一个名并非在它一产生出来就是有意义的、合宜的。只有在人们交往的过程中，约定俗成了的名，才能有确定的意义，才是合宜的，因此才能称为实名和宜名。他还说："散名之加于万物者，则从诸夏之成俗曲期；远方异俗之乡，则因之而为通。"约定俗成，是为了便于思想沟通。前面说过，《墨经》也讨论过约定俗成的问题，似乎跟荀子的主张是一致的。《墨经》还举例说："君、臣、萌（民），通约也。"就是说，"君""臣""民"这些名都是社会共同约定的。"约定俗成"本是语言的特点，因为概念总是用一定的字、词表达的，所以不能不注意这一点。同时，这也说明，在古代概念和词的界限有时并不十分分明。荀子又指出，一个好的名应该具备好说、易懂，不会产生歧义，不被人误解等条件，也就是"径易而不拂"。具备了这些条件的名就是善名。

（5）"稽实定数"。荀子说："物有同状而异所者，有异状而同所者，可别也。状同而为异所者，虽可合，谓之二实。状变而实无别而为异者，谓之化；有化而无别，谓之一实。""稽实定数"是制定数量之名的要领。荀子指出，要从空间（"所"）、时间（"化"）、事物的性质、现象（"状"）等各方面去分析事物的实体数量。客观事物是复杂的，有"同状而异所者"，如两头牛，形状相同而立于不同的地方；有"异状而同所者"，如一个人从幼年到老年，体貌发生很大变化，却占有同一个空间。"同状而异所者"虽可共用一名，却应"谓之二实"（如两头牛）；"异状而同所者"，虽有变化却在空间上无别，故仍应"谓之一实"（如一个人）。

在"名实悖谬"的年代，荀子系统地总结制名的要领和方法，这件事本身就表明荀子在逻辑上的自觉性。以上五点，始终围绕着名要准确地反映实这一重要思想，在理论上和实践上都是有意义的。

三、"名逐物而迁"

古代名辩家都肯定名是反映实的。因此，他们认为如果实发生了变化，名也必须跟着变，只有这样才能保持名实相符。

《荀子·正名》篇有"若有王者起，必将有循于旧名，有作于新名"的说法。就是说，如果实没有发生变化，其名也不用变（"循于旧"）；如果实已发生了变化，就要制定新名以适应这种变化了的情况。

西晋名士欧阳建提出了"名逐物而迁"的著名命题，系统论述并深化了荀子的上述思想。欧阳建认为，名和言都不是物和理自身固有的，"原其所以，本其所由，非物有自然之名，理有必定之称也"[①]。人们为了辩物的需要而依物命名，为了交流思想的需要而循理定称。名对于物无所施，"形不待名，而方圆已著；色不俟称，而黑白已彰"。名的作用是把人们对不同事物的认识，或者说把人们所认识的不同事物准确地区别开来，表达出来。"物定于彼，非名不辩"，"名不辩物，则鉴识不显"，"欲辩其实，则殊其名"。因此事物若发生了变化，其名也要随之变化。这样才能使名和物保持相符相称的关系，就像"声发响应，形存影附"一样。欧阳建所提出的"名逐物而迁"的命题不仅

---

① 关于欧阳建的引文，均见《言尽意论》。

肯定了名是变化的，而且正确地指出名必须随着它所反映的物的变化而变化。一个"逐"字用得非常妙，它表明制名的人要主动地去追逐物的变化而改变其名，而绝不能采取消极被动的态度。

第六节 "名实相悖"

中国古代名辩家，不仅从正面阐述了正名的原则、要求及方法，也总结了名不正的种种情形，探讨了名实相悖的根源及其危害，提出了许多有价值的思想。

一、重名、过名、非名

墨子后学对名的本质有深刻的认识，因此也能敏锐地洞察名的不同谬误。

1. 重名。《墨经》说："狗，犬也，而杀狗非杀犬也，不可，说在重。"[1] "知狗而自谓不知犬，过也，说在重。"[2] 墨家认为，狗和犬本是"二名一实"。某人知狗而不知犬，就是犯了重名之过。其实，就人们的认识来说，当有人不知道狗、犬为"二名一实"时，是可以知狗而不知犬，或知犬而不知狗的。换言之，知狗并不蕴涵知犬，同样知犬也不蕴涵知狗。这在逻辑上讲并

---

① 《墨经·经下》。
② 《墨经·经说下》。

没有什么错。但墨家提醒人们注意"二名一实"的情况，还是可取的。

2.过名。《墨经》说："或，过名也，说在实。"① "或，知是之非此也，有知是之不在此也，然而谓此南方，过而以已为然。始也谓此南方，故今也谓此南方。"② 引文中的"或"同"域"，"有"即"又"。就是说，某地起初曾被称为南方，但现在已经不是南方了（可能是因为参照地发生了变化）。然而让某人到南方去，他又去了那个曾被称为南方，而今不是南方的某地。墨家认为，这个过错的实质就是忽略了事物（"实"）的变化，仍沿用过去的名（"过而以已为然"）。它违背了"名逐物而迁"的原则。

3.非名。是违背约定俗成的名。前面曾引过《墨经》的这段话："惟吾谓，非名也，则不可，说在仮。"③ 这里不再重复。

此外，混淆达名、类名和私名，混淆形貌之名和非形貌之名，混淆兼名与非兼名，等等，也都是名之谬误。

二、"三惑"说

"三惑"说是荀子对名实谬误的总结。他说："今圣王没，名守慢，奇辞起，名实乱。"又说："凡邪说辟言之离正道而擅作者，无不类于三惑者矣。"所谓"三惑"，即"用名以乱名者""用实以乱名者"和"用名以乱实者"。④

---

① 《墨经·经下》。
② 《墨经·经说下》。
③ 《墨经·经下》。
④ 《荀子·正名》。

1. 以名乱名者。荀子说："'见侮不辱''圣人不爱己''杀盗非杀人也'，此惑于用名以乱名者也。"①

"见侮不辱"，是荀子的老师宋钘的学说。②宋钘认为，人们都以为受到欺侮是耻辱的事，于是便发生争斗。如果人们知道受欺侮并不是耻辱，那么也就不会发生争斗了。③荀子显然不同意这个看法。他认为，荣辱乃是圣王的总纲，人们立论、制名、判断是非，都必须依圣王的总纲为"隆正"，不能违背这个总纲而随意改变一个名的含义。荀子从名辩学角度分析了"见侮不辱"的错误。在荀子看来，"辱"这个共名可以分为"义辱"和"势辱"两个别名。"流淫污僈，犯分乱理，骄暴贪利"，是"辱之由中出者也"，为"义辱"。"詈侮捽搏，捶笞膑脚，斩断枯磔，藉靡后缚"，是"辱之由外至者也"，为"势辱"。④"义辱"和"势辱"是不同的。如果说"见侮不辱"是指的"势辱"，还可以；如果是指的"义辱"，就一定是把名弄混乱了。具体地说，荀子认为，宋钘是用"辱"这个共名混淆或抹杀了"义辱"和"势辱"两个别名的区别，因此是"以名乱名"的一种表现。

"圣人不爱己"这个命题可能与墨家思想有关。《庄子》说，墨家以大禹为榜样，"以自苦为极"，"以此教人，恐不爱人；以此自行，固不爱己"。⑤但《庄子》的说法不见得符合墨家思想，因为《大取》篇明明白白地说："爱人不外己，己在所爱之中。"

---

① 《荀子·正名》。
② 《庄子·天下》。
③ 《荀子·正论》。
④ 《荀子·正论》。
⑤ 《庄子·天下》。

荀子的批评有可能是针对《庄子》对墨家的看法。荀子认为，"人"是共名，"己"是别名，"人"和"己"是共名与别名的关系。当说"爱人"的时候，"己"已经包括在其中了，因此"圣人不爱己"之说法与名之共、别关系不合。

"杀盗非杀人"的命题出自《墨经》。《墨经》说："盗人，人也。多盗，非多人也。无盗，非无人也。奚以明之？恶多盗，非恶多人也。欲无盗，非欲无人也。……爱盗，非爱人也。不爱盗，非不爱人也。杀盗，非杀人也。"[①]《墨经》所说的"杀盗非杀人"，是说"杀盗不等于杀人"，杀盗不犯杀人之罪。荀子可能把墨家的命题误解为"杀盗不是杀人"了。他认为，"人"是共名，"盗"是别名，盗在"人"的外延之中，因此不能说"杀盗非杀人"。

综上，所谓"用名以乱名"，从逻辑学角度看，主要是不懂得"共名"和"别名"之间的关系，不懂得"共名"与"别名"的同一性与差别性，结果或者用共名抹杀了别名之间的区别，或者用别名与共名之间的区别否定了别名的外延在共名的外延之中。

荀子认为，纠正"以名乱名"的诡辩的具体办法，就是"验之所为有名，而观其孰行"[②]。也就是说，只要回顾一下命名的目的，再看看该名的哪种含义符合圣王的准则，并且在社会交际中行得通，"以名乱名"的诡辩"则能禁之矣"。

2. 以实乱名者。荀子说："'山渊平''情欲寡''刍豢不加甘，大钟不加乐'，此惑于用实以乱名者也。"[③]

① 《墨经·小取》。
② 《荀子·正名》。
③ 《荀子·正名》。

"山渊平"是惠施的命题①。由于惠施的著作不传，我们无法从文献上确知"山渊平"的准确意思。据推测，惠施可能是说在特殊的条件下，山和渊是同高的。比如高原上的渊和沿海平原上的山，可能在同一个海拔高度上；又比如，极目远瞩，山和渊可能在视觉上是同高的；也有人猜测，惠施说"山与渊平"，可能指地质变化；等等。在上述特定条件下，说"山渊平"是可以的。但在荀子看来，山是地面上隆起的高耸之物，渊是地面上凹陷的低下之物，二者是绝然不同的。"名也者，所以期累实也"，即名是反映许多事物共同的、一般的性质的，因此不能用特殊的实去"乱"反映一类事物共性的名。

"情欲寡"是宋钘的命题②。荀子认为，"情欲多"是人的共性，只有在特殊情况下，比如人生了病，才可能情欲寡。因此，同样不能用特殊的实去"乱"反映一类事物共性的名。

"刍豢不加甘，大钟不加乐"，可能是墨子的思想。荀子指出，刍豢甘、大钟乐是一般人的感受。只有在特殊情况下，比如人生病或心情不好时，才会感到肉不甜美，钟声不能给人带来喜悦。

综上可以看出，荀子坚持名是反映一类对象的共性的，反对用特殊的实去否定反映共性的名。荀子提出，要纠正"以实乱名者"，应该把有关的名"验之所缘（无）以同异，而观其孰调"③。就是说，只要用感官去直接接触外物，比如用眼睛看一下山和渊，用嘴尝一尝肉，用耳朵听一听大钟的声音，看看到底是哪种说法符合事实，"以实乱名者"，"则能禁之矣"。

---

① 见《庄子·天下》和《荀子·不苟》。
② 见《庄子·天下》和《荀子·正论》。
③ 《荀子·正名》。

3. 以名乱实者。荀子说："'非而谒楹''有牛马非马也'，此惑于用名以乱实者也。"[1]

"非而谒楹"，字有错落，不必强解。"牛马非马"是墨家的命题，我们在前面讲过，它是正确的命题。荀子可能把"牛马非马"（或"牛马非牛"）误解为"牛马不包括马"（或"牛马不包括牛"）了，所以他批评这一命题是用"牛马"之名去乱牛马之实。他认为，对于"以名乱实者"，只要"验之名约，以其所受悖其所辞，则能禁之矣"[2]。就是说，只要用约定俗成的原则作标准，看看人们接受哪一种说法，就能禁止"以名乱实"的诡辩了。

荀子对"三惑"的批评，实质上是通过揭露名实相悖来肯定名实相符的正名要求。他所运用的方法就是他提出的"制名枢要"。换句话说，他是以"制名枢要"作武器来反对混淆名、偷换名和歪曲名的谬误的。尽管荀子在批评"三惑"中有不准确的地方，但他对名实相悖的类型的总结，对克服谬误的途径的探讨，都是很有意义的。这是中国古代学者所做的独特的理论贡献。

三、"离谓"说

"离谓"是《吕氏春秋》中的一个篇名。"离谓"的本义是"言意相离"，其中也包含着名实相悖的意思。"夫名，实谓也"[3]，

---

① 《荀子·正名》。
② 《荀子·正名》。
③ 《公孙龙子·名实论》。

名实相悖自然也是"离谓"。

吕不韦及其门客在《吕氏春秋》中探讨了名实相悖的根源。归纳起来，有以下几点。

1. 从实的方面看，万事万物的同异关系复杂。该书说："使人大迷惑者，必物之相似也。"比如，"玉人之所患，患石之似玉者；相剑者之所患，患剑之似吴干者；贤主之所患，患人之博闻辩言而似通者……"[①]又比如，"金木异任，水火殊事，阴阳不同，其为民利一也"。[②]名是依据事物的同异制定的，人们在辨别事物的同异上经常发生错误，是造成名不正、类不分的一个重要原因。

2. 从名的方面看，语词多有同音、同形而异义，同义而异形的复杂情形。也就是说，同音词、同形词和同义词的大量存在，是造成名实相悖的又一个原因。《吕氏春秋·察传》篇一连举了三个例子："乐正夔一足"，被误成夔是"一只脚"；"丁氏穿井得一人"，被误成"凿井得到一个活人"；"晋师己亥涉河"，被误成"晋师三豕涉河"。前两例是同音同字异义之误，后一例是字形相近而误。真是稍一不慎，就造成名实悖谬。

3. 从名实关系看，一方面，名是反映实的；另一方面，名又有其相对的独立性。有人只知其名，而不知其实，结果造成名实相悖。该书说："尹文见齐王。齐王谓尹文曰：'寡人甚好士。'尹文问：'愿闻何谓士？'王未有以应。"[③]就是说，齐王只知"士"之名而不知士之实，是"知说士而不知所谓士也"。齐王尚且如

---

① 《吕氏春秋·疑似》。

② 《吕氏春秋·处方》。

③ 《吕氏春秋·正名》。

此，可见这不是个别现象。

《墨经》指出："知其所不知，说在以名取。"① "知，杂所知与所不知而问之，则必曰：'是所知也。是所不知也。'取去俱能之，是两知之也。"② 就是说，知与不知的区别，在于不仅知其名，还要知其实。能以名举实者为知，不能以名举实者为不知。比如一个盲人，虽能说出"白""黑"之名，但让他去取白的东西或黑的东西，他就无能为力了。这就是不真知白黑。故曰："瞽不知白黑者，非以其名也，以其取也。"③

4.《吕氏春秋》和《墨经》的作者们，已经指出了名对于实的相对独立性，这是可贵的。

《吕氏春秋》指出，有些诡辩家故意使用"琦词"，"擅作名"，"以牛为马，以马为牛"④，也是造成名实悖谬的重要原因。这一点，我们在前面介绍荀子的"三惑"说时，已经说得很多了。

《吕氏春秋》从多方面探讨了名实相悖的原因。尽管在有的方面它还没有做出理论上的概括和说明，但其基本思想是对实际的总结，是正确的。

---

① 《墨经·经下》。
② 《墨经·经说下》。
③ 《墨子·贵义》。
④ 《吕氏春秋·审分览》。

第三章　辞

　　"辞"，即语句或命题，是古代名辩学研究的重要内容之一。

　　在中国古代汉语中，"辞"的本义是诉讼，有论断或断定的意思。《说文》云："辞，讼也。从𤔔辛，犹理辜也。𤔔，理也。"《尚书·周书·吕刑》说："民之乱，罔不中听狱之两辞。"《周礼·秋官·司寇》有"听其狱讼，察其辞"的说法。

　　"辞"作为名辩学的一个重要范畴，有一个演变的过程。

第一节　辞、言、意

一、"兼异实之名以论一意也"

　　孔子最早对辞做了初步规定。他说："辞，达而已矣。"①"达"，通达、达意之意。孟子发展了孔子的思想，进而提出"不以文

---

① 《论语·卫灵公》。

害辞，不以辞害志"①。这里的"文"是文字、语句；"志"是思想，或称为意。全句意为：不以文字、语言妨害命题的准确性，也不要拘于命题而妨害思想内容的表达。

从逻辑角度对辞做出明确规定的是后期墨家和荀子。《墨经》首先给"辞"下了个定义，即"以辞抒意"②。"抒"是抒发、表达；"意"是思想内容。"以辞抒意"就是用辞表达一定的思想内容。表达一定思想内容的辞，便是命题或语句。

荀子也给辞下了定义。他说："辞也者，兼异实之名以论一意也。"③"兼"，是连属；"论"，是喻，即说明。这一句话是说，辞是连属不同的名以说明一定思想内容的思维形态。荀子关于辞的定义，至少揭示了辞的如下一些性质：第一，辞是在名的基础之上产生的，是由反映不同对象的名相联结而成的。第二，辞和名的作用不同。辞不是指称事物，而是表达一定的思想内容。西方传统逻辑认为，命题是对事物情况的反映，反映事物具有或不具有某种属性。直言命题有主项和谓项，二者是不同的概念，也就是说直言命题是联结不同的概念而形成的。荀子对辞的定义，比《墨经》"辞以抒意"的说法又前进了一步，而与西方传统逻辑对命题的定义基本上是一致的。这是荀子对命题理论做出的一个重要贡献。

继荀子之后，《吕氏春秋》提出了"言者，以谕意也"，"夫辞者，意之表也"。④上述论断在肯定辞以抒意的基础上，又进

---

① 《孟子·万章上》。
② 《墨经·小取》。
③ 《荀子·正名》。
④ 《吕氏春秋·离谓》。

一步揭示了辞和意是表和里、形式和内容的关系。

　　明清之际的思想家王夫之对辞做了新的分析。他把事物称为"质"，把事物的属性称为"文"，则"辞"就是"文"与"质"的统一。他又说："夫辞，所以立诚，而为事之会，理之著也。"①就是说，"辞"是对事物情况的一种确定（"立诚"），是对事物之间联系的反映（"为事之会"），使一定的思想内容昭然若揭（"理之著"）。这同荀子对辞的揭示基本上也是一致的。

二、"所谓"与"所以谓"

　　《墨经》在讨论名的时候，提出了"所以谓，名也；所谓，实也"②。它不仅说明了名和实的区别与联系，也涉及命题问题。"所谓"是命题的主项，是表示认识对象的；"所以谓"是命题的谓项，是表示事物属性的。主项和谓项都是命题的组成部分，把主项和谓项联结起来就是命题。

　　《墨经》里还有一条：

　　　　谓：移，举，加。③

　　　　谓：犬，狗，移也。狗犬，举也。叱狗，加也。④

学者们对这条有不同的解释。"谓"在这里是命名。"谓"有移、举、加三种不同的情形。将"狗"作谓项，是移；将"狗"作主项，

---

① 《尚书引义·毕命》。

② 《墨经·经说上》。

③ 《墨经·经上》。

④ 《墨经·经说上》。

是举；将眼前的动物呵叱为狗，是加。^①"移"和"举"也都与命题有关。

以上作为一个旁证，说明古代名辩家对命题有了一定的认识。

三、辞与言

在古代文献中，"辞"与"言"是不同的概念。"言"在较多的时候指语言或文字，而"辞"在名辩学中则主要指命题或语句。值得注意的是，在名辩学中，辞与言有时也是相通的，或同指语言，或同指语句，或同指命题。

孔子说："《诗》三百，一言以蔽之，曰'思无邪'！"^②这里的言，即语句，也就是辞。墨子说："言必有三表。……有本之者，有原之者，有用之者。"^③这里的言，是立论，也可以说是立辞。由此，我们可以从古代名辩家对"言"的论述，来进一步认识辞的本质。

孟子说："言无实不祥。不祥之实，蔽贤者当之。"^④就是说，没有反映事物情况的言是失当的。它从反面揭示了辞是反映事物情况的命题或语句。

《墨经》说："执所言而意得见，心之辩也。"^⑤这里重点在于

---

① 1986 年 3 月 27 日上午，沈有鼎先生在寓所同我谈《墨经》，讲了他对移、举、加的上述解释。

② 《论语·为政》。

③ 《墨子·非命上》。

④ 《孟子·离娄下》。

⑤ 《墨经·经上》。

论述心的作用，同时也指出言是表达意的。

四、辞与意

"意"是古代名辩学的一个重要范畴。它常与辞、言连用。比如前面引用过的例子：

> 以辞抒意。

> 执所言而意得见，心之辩也。

"辞"（"言"）是由名构成的命题或语句。"辞"（"言"）所表达的"意"，即是思想内容，也就是判断。

古代名辩学还没有对语句、命题、判断三者做出明确的区分。但是，名辩学中出现的言、辞、意等概念确实涉及了语句、命题、判断的问题，尽管古人是不自觉的。

《墨经》探讨了言（辞）、意、实三者的关系，指出：言（辞）合于意，为信；意合于实，为真（或当）。有言合于意，意也合于实的情形，是信且当；有言合于意，而意不合于实的情形，是信而不当；也有言不合于意，意不合于实的情形，是不信而不当；还有言不合于意，却合于实的情形，是不信而当。《墨经》说：

> 信，言合于意也。[1]

> 信，不以其言之当也。使人视城得金。[2]

"信，不以其言之当也"，就是说的不信而当的情形。言不合于意，

---

[1] 《墨经·经上》。

[2] 《墨经·经说上》。

意也不合于实，一般说来在这种情形下的言（辞）是既不信也不当的。但也有偶然的例外。比如，甲同乙开玩笑，想让乙枉跑一段路，就骗他说："城门内藏有金子。"乙去一看，果然发现了金子。这就是不信而当[①]，也就是人们常说的"歪打正着"。

仅此而言，古人思维之邃密，亦令人叫绝！

第二节　辞的种类

古代名辩学总结出了一些命题类型，论述了量词、模态、关系等问题。

一、尽与或

《墨经》说："尽，莫不然也。"[②]"或也者，不尽也。"[③]"尽"指的是一类对象的全部都具有或不具有某种属性。"尽"是全称量词。"或"是对全称量词的否定，即特称量词。名辩学的"或"不同于传统逻辑的特称量词。后者是存在的意思，在数量上是"至少有一个，可以多到一类对象的全部"；前者却是排斥全称的。这是因为在自然语言中，特称肯定命题就隐含着特称否定命题，特称否定命题就隐含着特称肯定命题。

---

① 　见沈有鼎：《墨经的逻辑学》。

② 　《墨经·经上》。

③ 　《墨经·小取》。

含有全称量词的命题是全称命题。如，"方尽类"①，"越国之宝尽在此"②，等等。

表达全称量词的词语还有"俱""莫不"等。比如，《墨经》解释《经上》"尽，莫不然"的"说"文为："尽，俱止动。"③《经上》云："盈，莫不有也。""周"和"遍"也是全称量词。墨家有"周爱人""周不爱人""周乘马""周不乘马"之说。④荀子有"遍举"之说。⑤

含有特称量词的命题是特称命题。如"马或白者，二马而或白也，非一马而或白"⑥。就是说，只能在有两匹马或两匹以上马的场合，才能说"马或白"；而在只有一匹马的场合就不能说"马或白"。可见"马或白"是说"有马是白马"。因此"或"是特称量词。又如《墨经》说："辩：或谓之牛，或谓之非牛，是争彼也。是不俱当。不俱当，必或不当。不当若犬。"⑦其中"或谓之牛，或谓之非牛"，就是说，有人谓之牛，有人谓之非牛。其中"不俱当，必或不当"，就是说，不能二者都当，必有不当者。这里的"或"也是表示特称量词。

表达特称量词的语词还有"体""特"等。"体"和"尽"相对。如："见：体、尽。"⑧说的是观察（"见"）分为局部观察和整体

① 《墨经·经说上》。
② 《墨子·兼爱中》。
③ 《墨经·经说上》。
④ 《墨经·小取》。
⑤ 《荀子·正名》。
⑥ 《墨经·小取》。
⑦ 《墨经·经说上》。
⑧ 《墨经·经上》。

观察两种。《经说上》云："特者，体也。"可见，"特"是表达特称的量词。公孙龙和墨家有"偏有偏无有"说①，荀子有"偏举"说②，都是指的一部分，可见"偏"也是特称量词。

值得注意的是，《墨经》里有一条把全称与特称、肯定与否定四种命题都列举出来了。请看：

尺与尺俱不尽。端与端俱尽。尺与端③，或尽或不尽。④

这条"说"是解释《经》中的"撄，相得也"。"撄"，是接触的意思。"尺"指一直线，"端"指一点，"尽"在这里指重合，即每一点都重叠。这条"说"所用的量词是"俱"（全称）和"或"（特称），"俱尽"是全称肯定命题，"俱不尽"是全称否定命题，"或尽"是特称肯定命题，"或不尽"是特称否定命题。

二、小故与大故

《墨经》说："假者，今不然也。"⑤就是说，"假"是一种假设或假定，而不是现实，假可以看作是假言命题。

《墨经》深入地研究了假言命题的前件与后件的关系，提出了小故和大故两种不同的条件联系：

小故：有之不必然，无之必不然。体也。若有端。大故：

---

① 参见《公孙龙子·通变论》和《墨经·经下》。
② 参见《荀子·正名》。
③ "端"，依孙诒让校移。
④ 《墨经·经说上》。
⑤ 《墨经·小取》。

有之必^①然。若见之成见也。^②

这条"说"是对《经上》"故,所得而后成也"^③条的解释。"故"是事物所以能生成的原因或条件,也是论题所以能成立的论据和理由。

"小故"说的是有前件,未必有后件;无前件,必定无后件。也就是说,前件是后件的必要而不充分条件。正如一尺长的直线(尺)必有两个端点,有端点未必就有一尺长的直线,但无端点肯定没有一尺长的直线。所以有端点是有一尺长的直线的必要条件,而不是充分条件。

"大故"说的是有前件就有后件。也就是说,前件是后件的充分条件。人们用眼睛看东西需要很多条件,比如视力、光线、无障碍、对象与人目之间的适当距离等。只要具备了这些条件,就一定能看见想见到的东西。显然,视力、光线、无障碍、对象与人目之间的距离等条件的总和是"成见"的充分条件。

古代的名辩家们在两千多年前能够正确区分充分条件和必要条件两种不同的条件联系,并且巧妙地用自然语言准确地表述了两种不同的条件联系的特点,这是中华民族智慧的体现,是炎黄子孙的骄傲。西方传统逻辑只讲充分条件,不讲必要条件,也就是说对上述两种条件联系是不做区分的。我国著名逻辑学家金岳霖先生在 20 世纪 30 年代讲授形式逻辑时,第一次提出必要条件假言命题和必要条件假言推理形式。他说:"普通的'如果……则'的命题是表示充分条件的命题,而寻常语言中'除

---

① "必"下旧有"无"字,从梁启超校删。

② 《墨经·经说上》。

③ 《墨经·经上》。

非……不'表示必要条件的假言命题。"[1] 在当代中国的高等院校里，许多教师讲授形式逻辑假言命题时，经常用"有之必然"说明充分条件假言命题的前件和后件的关系，用"无之必不然"来说明必要条件假言命题的前件和后件的关系。学生对此反映说，这样表述好懂又好记。

三、必与不必

《墨经》说："必，不已也。"[2] "必：谓壹[3]执者也。若弟兄。一然者一不然者必'不必'也，是非必也。"[4] "必"是定然的，不可改变的，正如有兄必有弟，有弟必有兄一样。如果有的是这样，有的不是这样（"一然者一不然者"），就一定是"不必"，而不是"必"。《经说上》又说："必也者，可勿疑。"就是说，遇到必然的事情，就不用再怀疑了。可见，"必"是必然命题，"不必"是不必然命题，即可能命题。"不必"又称为"弗必"，如"无说而惧，说在弗必"[5]。

必然命题一定是全称命题。具体地说，某类事物如果是必然的，那么它一定是"全部如此"。所以"必"蕴涵"尽"。"一然者一不然者"是"不尽然"，所以一定是"不必"，而不是"必"。

但是，必然命题又不同于全称命题，前者比后者要强。具

---

① 金岳霖：《逻辑》，三联书店 1961 年版，第 50 页。
② 《墨经·经上》。
③ "壹"旧作"台"，从高亨校改。
④ 《墨经·经说上》。
⑤ 《墨经·经下》。"必"旧作"心"，从孙诒让校改。

体地说，如果某类事物必然如此，那么它不仅是"全部如此"，并且是"永远如此"。

墨家曾用"必"和"不必"来说明"使"。

> 使：谓，故。①
>
> 令，谓②也，不必成。湿，故也，必待所为之成也。③

就是说，"使"可分为"谓使"和"故使"两种不同的情况。"谓"是"令"，"谓使"是令别人做什么，比如"父令子读书"，即"父亲叫儿子去读书"，儿子是否真的读书，不一定。所以墨家说："令，不为所作也。"④"谓使""不必成"。"故"是"大故"，"故使"是有充分条件"使"某种现象发生，比如"天下雨故地湿"，是说"天下雨"是"地湿"的充分条件，天下雨了，地一定湿。所以说"湿，故也，必待所为之成也"。这说明，墨家对"必"和"不必"两种模态确有深切的认识。

四、且与已

《墨经》说：

> 且，言然也。⑤
>
> 自前曰且，自后曰已，方然亦且。⑥

"且"和"已"都是时间模态词。"且"有两个意思：一是

---

① 《墨经·经上》。
② "谓"旧重，从梁启超校删其一。
③ 《墨经·经说上》。
④ 《墨经·经上》。
⑤ 《墨经·经上》。
⑥ 《墨经·经说上》。

"自前曰且"，即"且"是表示将来的模态词；二是"方然曰且"，"方"训为"开始""正在"，即"且"又是表示现在的模态词。"已"在这里只有一个意思，"自后曰已"，即"已"是表示过去的模态词。如果再进一步细分，表示过去模态词的"已"又可以分为两种不同的情形。《墨经》说：

> 已：成，亡。[1]

> 为衣，成也；治病，亡也。[2]

就是说，已经完成的事情，可以是建设性的，如做成一件衣服；也可以是破坏性的，如人死了。但不论是"成"还是"亡"，都是过去了的。带有上述模态词的命题，分别为且命题和已命题，即表示不同时态的命题。比如：

> 且入井，非入井也。[3]

> 且出门，非出门也。[4]

上两例都是表示将来时态的且命题。前者说，将要入井，还没有入井（不等于入井）。后者说，将要出门，还没出门。又如：

> 已然[5]，则尝然[6]，不可无也。[7]

上例是说，已经发生过的事情，就是曾经发生过的事情，不能说没有发生此事情。"已然"表示过去时态的命题。

　　古代名辩家已经认识到将来、现在、过去三种时态的不同，

---

① 《墨经·经上》。

② 《墨经·经说上》。

③ 《墨经·小取》。

④ 《墨经·小取》。

⑤ "然"旧作"给"从孙诒让校改。

⑥ "尝然"旧作"当给"，从孙诒让校改。

⑦ 《墨经·经说下》。

因而不能混淆。

五、"兼爱相若"

《墨经》说：

> 苟兼爱相若，一爱相若。一爱相若，其类在死也。[①]

"兼爱相若"是墨家的一个命题，说的是要不分等级差别地、同等地爱所有的人。"相若"即相等的意思。长期以来，治墨学者对此条意蕴的理解众说纷纭，百思不得其解。沈有鼎先生据郎兆玉本"其类在死也"为"其类在死虵"，指出"虵"与"蛇"通，遂将"其类在死也"改为"其类在死蛇"，进而对上述引文做出了一个逻辑的解释。沈先生说：这段话是指出了"关系判断的特点在于它的不可割裂性"。他举例说，"甲和乙是湖南人"这句话可以拆成两句："甲是湖南人"和"乙是湖南人"。但"甲和乙是朋友"这句话就不能拆成"甲是朋友"和"乙是朋友"两句话。他把《墨经》"兼爱相若"一段话解释为"爱甲与爱乙相若"，这话如果拆成两句——"爱甲相若，爱乙相若"——就没有意义了。好像一条活蛇用刀切成两段，就成了死蛇。[②]"相若"是一种关系，关系至少要涉及两个主项，也就是说，有两个以上的事物才能形成关系，单独的一个事物不具有上述关系。依据沈先生的解释，墨家对关系命题的特点是抓得很准的。遗憾的是，我们没有找到墨家对关系命题的明

---

① 《墨经·大取》。
② 沈有鼎：《墨经的逻辑学》，第33—34页。

快的定义。

后来，韩非讨论了关系命题之间的关系，揭示了"不可陷之盾"与"无不陷之矛"为名不可两立，提出了著名的"矛盾之说"（有关"矛盾之说"，后面将详论）。

第三节 "彼""此"与"牛""马"

中国古代名辩学有没有变项，是学术界长期争论不休的问题。我的回答是肯定的。确切地说，中国古代名辩学有变项，它是用自然语言担任的。肯定有变项，同时也就肯定了中国名辩学有命题形式。

一、"彼"与"此"

前面讨论"兼名"时，曾引过《公孙龙子》和《墨经》的几段话。为了叙述方便，再把它们简要地抄录在下面。

> 故彼彼当乎彼，则唯乎彼，其谓行彼。此此当乎此，则唯乎此，其谓行此。[1]
> 彼此彼此与彼此同。[2]
> 彼此彼此可：彼彼止于彼，此此止于此。彼此不可彼且此也。[3]

---

① 《公孙龙子·名实论》。
② 《墨经·经下》。
③ 《墨经·经说下》。

上述引文的逻辑意义，前章已经说明过，不赘述。这里只是指出，引文中的"彼此""彼""此"都是变项，"故""唯""当""与""止"等则是常项。沈有鼎先生在分析"'彼彼'止于'彼'"，"'此此'止于'此'"时说："正如'凤兮凤兮，故是一凤'（《世说新语·言语篇》）。数理逻辑也有 $\alpha \cup \alpha = \alpha$ 这公式。"[①]沈先生的分析和比较是正确的。我们不论用名词"凤"代入"'彼彼'止于'彼'"中的"彼"，还是用符号 α 代入"彼"，其逻辑意义都没有变。所不同的是，由于中国古代语言习惯，有时倒把常项省略了。

二、"牛"与"马"

前面讨论"兼名"时曾引过这样的话：

　　且牛不二，马不二，而牛马二。则牛不非牛，马不非马，而牛马非牛非马，无难。[②]

这里的"牛马""牛""马"同样是变项。也就是说，它们都不是实指。如果用代词"彼""此"替换一下，上文就成了"彼不二，此不二，而彼此二。则彼不非彼，此不非此，而彼此非彼非此"，意思还是一样。

推而广之，在公孙龙的"白马非马"命题中，"非"是常项，"白马"和"马"都是变项。难怪当孔子的后学批评"白马非马"的命题时，公孙龙反驳道：孔子可以说"异楚人于所谓人"（即

---

①　沈有鼎:《墨经的逻辑学》，第27页。

②　《墨经·经下》。

"楚人非人"），我为什么不能说"异白马于所谓马"（即"白马非马"）？可见，"白马非马"只不过是"黄牛非牛""楚人非人""盗人非人"一类命题的一个代表而已。

同理，墨家在讨论侔式推理时列举的"白马，马也；乘白马，乘马也""获，人也；爱获，爱人也"等也都是公式，其中的"白马"与"马"、"获"与"人"同样可以看作是变项。韩非的矛盾之说"不可陷之盾与无不陷之矛不可同世而立"也可以看作是公式，其中的"矛"与"盾"是变项。

用名词作变项，用典型的个例作公式，它是由汉字的特点和中国人的形象思维习惯诸因素决定的。这不仅仅表现在名辩学方面，甚至更为抽象的数学也是如此。刘徽的《九章算术注》是中国数学史上杰出的数学著作，也是标志数学具有理论形态的著作。该书的证明方式包括"析理以辞"和"解体用图"两种：前者是用一系列判断去分析公式和法则成立的理由；后者是用论证性的图形去揭示公式和法则成立的根据，图形本身就具有公式的性质。就"析理以辞"而言，该书也是大量采用特例进行证明，但它没有使用特例特有的性质，因此特例本身也都可以看作是具有普遍性的公式。

其实，在西方，形式逻辑创立之初，也曾用自然语言作变项，例如斯多葛派就用

如果第一，那么第二；

第一；

所以第二。

来表达充分条件假言推理的公式。

我们肯定中国名辩学有变项，有命题形式。但是中国名辩

学的命题形式往往缺少明确的规定，也不够系统，这是它的不足。

第四节　辞当

辞有恰当与不恰当之分。古代名辩学指出，正确的思维要求辞要恰当。荀子说："君子之言……彼正其名，当其辞。"[①] 古代名辩学对辞之当有过许多论述，归纳起来，主要有以下三点。

一、辞意相合

辞的作用是"抒意"，恰当的辞和它所反映的意应该是相合的，一致的。辞和意相合，又叫"信"。《墨经》说："信，言合于意也。"[②] 辞意相合的反面，叫"言意相离"。《吕氏春秋》说："言意相离，凶也。"[③] 因为言意相离，则言不能谕意，使思想交流成为不可能，也就是《吕氏春秋》说的"非辞无以相期"[④]。

二、辞实相符

恰当的辞不仅能准确地表达一定的思想内容，还要和实

---

① 《荀子·正名》。
② 《墨经·经上》。
③ 《吕氏春秋·离谓》。
④ 《吕氏春秋·淫辞》。

相符。《墨经》提出，辞与意相合叫信，辞与实相符叫当。荀子指出，君子之言，名要"足以指实"，辞要"足以见极"。①"见极"即中肯，正中至处。所谓"足以见极"，就是完全与实际情况一致。反之，叫作"蔽于辞而不知实"②。

三、"言者以谕意"

恰当的辞，还要求语言晓畅，让人一看就能明白辞所反映的思想内容。孔子说"辞达而已"，不求过分文饰。《墨经》说："执所言而意得见……循所闻而得其意。"③ 用荀子的话说，恰当的辞"以务白其志义者也"④，"志义"即思想。反之，"诱其名，眩其辞，而无深于其志义者也"，为愚者之言⑤。《吕氏春秋》说："听言者，以言观意也。听言而意不可知，其与桥言无择。"⑥ 古代名辩家强调语言明了对辞当的作用，说明他们已经认识到语言是辞的载体，辞是用语言来表达的。

第五节　悖辞

中国古代名辩家对辞的谬误有所总结，其中属于命题与思

---

① 《荀子·正名》。
② 《荀子·解蔽》。
③ 《墨经·经上》。
④ 《荀子·正名》。
⑤ 《荀子·正名》。
⑥ 《吕氏春秋·离谓》。

想、命题与事实、命题与语言方面的内容，我们在第四节中已做了介绍。本节拟专门介绍《墨经》中讨论的四种悖辞，即四个自相矛盾的命题。

一、"以言为尽悖，悖"

《墨经》说：

> 以言为尽悖，悖。说在其言。[1]
>
> 悖，不可也。之人[2]之言可，是不悖，则是有可也。
>
> 之人之言不可，以当，必不当。[3]

"悖"，即错误。上述引文的意思是说，"言尽悖"（即"一切言论都是错误的"）这个命题是错误的，它错就错在这句话自身。倘若说"言尽悖"这句话正确，那么就是说至少有这一句话是正确的，因此并非"言尽悖"。倘若说"言尽悖"这话不正确，那么你认为它符合事实，它一定不符合事实。所以"言尽悖，悖"。这里，墨家用极为精练的语言，准确地揭示了"言尽悖"这个命题的矛盾，并且明确地指出这句话的错误根源是涉及自身（"说在其言"）。

有趣的是，在世界文明古国古印度和古希腊也有类似的命题。印度新因明的开创者陈那（公元 5 世纪）在《因明正理门论》中提出"一切言皆妄"的命题，并且指出它犯了"自语相违"（即该语句中自身包含矛盾）的过失。古希腊逻辑中列举了如下

---

① 《墨经·经下》。

② "之人"旧作"出入"，从孙诒让校改。

③ 《墨经·经说下》。"当"旧作"审"，从孙诒让校改。

两句话:

  (1)一个克里特人说:"所有克里特人说的话都是谎话。"

  (2)克拉底鲁说:"一切命题都是假的。"

很显然,这两句话也都涉及自身的矛盾,历史上被称为"说谎者"诡辩。

  同古希腊、古印度的同类命题作比较,《墨经》对"言尽悖"错误的揭示,不仅时间早,而且更为深刻。

二、"非诽者,悖"

  《墨经》说:

   非诽者悖[①],说在弗非。[②]

   非[③]诽,非己之诽也。不非诽,非可非也。不可非也,

   是不非诽也。[④]

"诽",即揭露别人的错误。《经上》说:"诽,明恶也。"因此,"诽"也就是"非人之非";"非诽"则是"不非人之非",即不揭露别人的错误。墨家指出,主张"非诽"的人,他的主张本身就是"一诽",即他自己也正在揭露别人的错误。如果说他"非诽"的主张是对的,那么他就把自己的"一诽"也非了。如果他认为自己的"非诽"这一诽是对的,那么他就该承认诽是合理的,也就不能反对别人之诽。所以"非诽者,悖"。

---

① "悖"旧作"谆",从张惠言校改。

② 《墨经·经下》。

③ "非"旧作"不",从孙诒让校改。

④ 《墨经·经说下》。

三、"学无益，悖"

《墨经》说：

> 学之益也，说在诽者。①
>
> 以为不知学之无益也，故告之也。是使知②学之无益也，
> 是教也。以学为无益也教，悖。③

《墨经》认为，提出"学无益"的主张是不对的。你以为别人不知道"学无益"，因此告诉人家"学无益"，这件事本身是教，也就是让别人"学"你这个主张。如果真是"学无益"，那么也就用不着教、用不着让别人学你了。你既主张"学无益"，又让别人学你的主张，这就自相矛盾了。我们从"学无益"的主张所包含的矛盾倒可以反过来证明学是有益的（"学之益也，说在诽者"）。

四、"知知之否之足用也，悖"

《墨经》说：

> 知知之否之足用也，悖④。说在无以也。⑤
>
> 论之非知⑥无以也。⑦

---

① 《墨经·经下》。
② "知"旧作"智"，今改。
③ 《墨经·经说下》。
④ "悖"旧作"谆"，从张惠言校改。
⑤ 《墨经·经下》。
⑥ "知"旧作"智"，今改。
⑦ 《墨经·经说下》。

有人认为，一个人对于任何事物只要知道自己是知，还是不知，就足够用了。墨家指出，这个说法是不对的。假如一个人真是对任何事物只知道自己知之与否就够了，那么，你为什么还要别人知道你的这个（"知知之否之足用也"）道理呢？此举岂不是无谓（"无以"）吗？你提出这个主张本身，正好说明你认为一个人仅仅知道自己知与不知并不够，还要知道你的这个道理。可见，"知知之否之足用也"这个说法蕴含着矛盾，是错误的。

以上四个命题有一个共同点，即都含有矛盾。墨家对四个命题所含矛盾的揭露与分析是相当精彩的。其中有的含有矛盾的命题，西方和印度都没有提出来过；有的命题西方和印度虽也讨论过，但在时间上不如《墨经》早，也不如《墨经》分析得深刻。

第六节　若干辩题

先秦名家是最早自觉地、深入地研究名辩学的学派。邓析是名家的创始者，惠施和公孙龙是名家的杰出代表。他们彼此之间、名家和其他学派之间经常辩论。辩论的内容极为广泛，自然界的问题、社会政治问题、人们日常生活中的问题都有，提出问题和回答问题的角度往往有些"怪奇"（比如故意违反人们的常识），但论证起来又"持之有故，言之成理"，头头是道。辩论的结果则往往是"能胜人以口，不能服人以心"。

可惜的是，名家的思想资料除《公孙龙子》外，大都亡佚。《庄子·天下》篇保存有惠施"历物之意"的若干论题和辩者们的若干辩题。这些辩题，有些是实际中需要解答的问题，有些则是思维训练题，其中不乏用特例表达的公式。我们把这些辩题列出来，从中可以看出古代辩者对一些命题的思考方式，领略他们灿烂的智慧之光。

一、惠施的"历物之意"

至大无外，谓之大一；至小无内，谓之小一。

无厚，不可积之，其大千里。

天与地卑，山与泽平。

日方中方睨，物方生方死。

大同而与小同异，此之谓小同异；万物毕同毕异，此之谓大同异。

南方无穷而有穷。

今日适越而昔来。

连环可解也。

我知天下之中央，燕之北、越之南是也。

泛爱万物，天地一体也。

二、辩者的若干辩题

卵有毛。

鸡三足。

郢有天下。

犬可以为羊。

马有卵。

丁子有尾。

火不热。

山出口。

轮不碾地。

目不见。

指不至，至不绝。

龟长于蛇。

矩不方，规不可以为圆。

凿不围枘。

飞鸟之景未尝动也。

镞矢之疾而有不行不止之时。

狗非犬。

黄马骊牛三。

白狗黑。

孤驹未尝有母。

一尺之棰，日取其半，万世不竭。

以上见于《庄子·天下》篇。此外，《荀子·不苟》篇和《列子·仲尼》篇也列了一些辩题，除上面已列出的外，还有：

山渊平，天地比。①

齐秦袭。

入乎身，出乎口。②

---

① 此条与《庄子·天下》不完全相同。

② 以上两条均见《荀子·不苟》篇。

有意不心。

有指不至。

有物不尽。

有影不移。①

发引千钧。

白马非马。②

长期以来，学术界有许多人对上述辩题做出了许许多多的解说。本书不准备这样做，主要原因是直接反映上述辩题思想的原始材料现在找不到了，大家凭间接材料发挥想象去猜，虽然有时也可能猜中，但必定缺乏足够的根据。有时大家猜得不同，也没有充足的依据去判定谁是谁非。我们把这些辩题列出来，是想请读者自己去体会。

---

① 此条与《庄子·天下》基本同。
② 以上 6 条均见《列子·仲尼》篇。

第四章 说

　　"说"在中国古代名辩学里有两个含义:其一,"说"与"辩"合说,如"辩说"或"说辩",统指推理和论证,或简称"推论"。其二,"说"与"辩"分说,主要指推理。下面,我们是在推理的意义上讨论"说"的。

　　"说"字的本义是解释、说明、谈说、告知、讲述等。随着人们对推理的运用和反思,"说"逐渐有了推理的内涵。墨子说:"杀一人,谓之不义,必有一死罪矣。若以此说往,杀十人十重不义,必有十死罪矣;杀百人百重不义,必有百死罪矣。"[①] 这里,"以此说往"的"说",初步具有了推理的意味。如果回顾一下,墨子的"以此说往"与孔子的"告诸往而知来者"[②] 似乎有某种联系,因为墨子曾援引古语说过"谋而不得,则以往知来,以见知隐"[③] 的话。只是在孔子那里没有直接用"说",而是用"告",其实"告"本来就是"说"的一个义项。后来,惠施"善譬",

---

① 《墨子·非攻上》。
② 《论语·学而》。
③ 《墨子·非攻中》。

而且是无譬不能言事。当他回答别人关于"用譬"的意义时说："夫说者，固以其所知谕其所不知，而使人知之。"[①]这里的"说"，已经明确地指推理了。不过他指的仅是"譬"，还不是推理的全部。[②]

明确地把"说"作为表示推理的范畴的，是后期墨家和荀子。

第一节　"方不彰，说也"

《墨经》作者在讨论知识的来源和途径时，揭示了"说"的本质。墨家指出，知识有三个来源，因此可从来源上将知识分为三类：

> 知：闻，说，亲。[③]

> 传受之，闻也。方不彰[④]，说也。身观焉，亲也。[⑤]

就是说，知识有闻知、说知、亲知三类。闻知，是听人传受的知识。亲知，是通过自己的感官直接得来的知识，既不以他人为媒介，也不以自己已有的知识为媒介。说知，是由推测而得到的知识。"方"，训作比方、推测，"方不彰"就是由已知推测未知。

---

① 《说苑·善说》。

② 这是我们今天的看法。在惠施看来，也许他的"说"就是指推理的全部，因为他有可能把全部推理形式都归结为"譬"。

③ 《墨经·经上》。

④ "彰"旧作"瘴"，解为"障"；"方"，训为地域。"方不障"即不受地域障碍的知，以说明推知。然而"闻知"在一定意义上也可以不受地域的限制，二者的界限仍分不清楚。沈有鼎先生将"瘴"改为"彰"，"方"训作比方、推理，"方不彰"就是由已知推测未知。（参见沈有鼎:《墨经的逻辑学》，第7页）

⑤ 《墨经·经说上》。

《墨经》举例说：

> 闻所不知若所知，则两知之。说在告。①

> 在外者，所知也。在室者②，所不知也。或曰："在室者
> 之色若是其色。"是所不知若所知也。……是若其色也，若
> 白者必白。今也知其色之若白也，故知其白也。夫名以所
> 明正所不知，不以所不知疑所明。若以尺度所不知长。外，
> 亲知也。室中，说知也。③

就是说，有个人站在室外，亲眼看到室外之物是白色的，但不
知室内之物是什么颜色。有人告诉他室内之物颜色与室外之物
相同，这时他也知道室内之物是白色的了。《墨经》说"室外之
物是白色的"，是亲知。"室内之物的颜色与室外之物颜色相同"，
是闻知。"室内之物是白色的"，是说知。很显然，"室内之物是
白色的"这个知识，是从两个已知的前提中推出来的。因此"说
知"也就是推理之知，"说"即推理。推理的过程就是从已知到
未知的过程，就像人们用尺量物，尺的长短是已知的，物的长
短是未知的，用尺子去量物，则物的长短也就知道了。

《墨经》里还有几条直接解释"说"的：

> 以说出故。④

> 说，所以明也。⑤

> 服，执说。⑥

---

① 《墨经·经下》。

② "所知也。在室者"6字旧脱，从梁启超校增。

③ 《墨经·经说下》。

④ 《墨经·小取》。

⑤ 《墨经·经上》。

⑥ 《墨经·经上》。"说"旧作"倪"，依郎兆玉本改。

"故"是根据、原因，也可以是论据、理由或前提。"说"就是指出一个"辞"成立的根据和理由，也就是从一定的前提推出结论来。由此使人明白一个"辞"成立的根据，这样也就可以说服人了。

综上可以看出，古代名辩学的"说"揭示出了推理的两个根本性质：一是从前提到结论；二是由已知到未知。

第二节 "圣人何以不可欺"

古代名辩家十分重视推理的作用，强调人们都应该具有推理的能力。

孔子说："举一隅不以三隅反，则不复也。"[①] 举一隅而能以三隅反，是会推理；举一隅而不能以三隅反，是不会推理。对于不会推理的人，孔子是不肯教的。惠施对梁王说："无譬，则不可以矣。"[②] 他认为，说话不用譬（推理），人家是很难听明白的。

荀子指出，人都有认识世界的能力，但为什么有的人认识能力强，有的人认识能力不强，关键就在于是否善于"假物"和"操术"。"假物"是利用各种有利条件，"操术"是掌握认识事物获得知识的方法和手段。荀子说："登高而招，臂非加长也，而见者远；顺风而呼，声非加疾也，而闻者彰；假舆马者，非利足也，而致千里；假舟楫者，非能水也，而绝江河。君子生

---

① 《论语·述而》。
② 《说苑·善说》。

非异也，善假于物也。"①又说："君子位尊而志恭，心小而道大，所听视者近，而所闻见者远。是何邪？则操术然也。……操弥约而事弥大。五寸之矩，尽天下之方也。故君子不下室堂，而海内之情举积此者，则操术然也。"②在诸种认识方法中，逻辑方法是最重要的方法。尤其是推理能力的大小，对能否获得正确的认识至关重要。他说："圣人何以不可欺？曰：圣人者，以己度者也。故以人度人，以情度情，以类度类，以说度功，以道观尽，古今一也。类不悖，虽久同理，故乡乎邪曲而不迷，观乎杂物而不惑，以此度之。"③"度"是测度、推论。荀子认为，圣人之所以不可欺，乡乎邪曲而不迷，观乎杂物而不惑，就是因为他们善于推类。王充也说，为什么"圣人前知千岁，后知万世"，绝不是像世俗所说的那样，圣人"不学自知，不问自晓"、有"神知"，而是由于他们善于推理，能够从已知推到未知。④

　　王充进一步指出，推理的能力是人人都有的。"放象事类以见祸，推原往验以处来事，贤者亦能，非独圣也。"王充列举了一系列民间推理的事例后又说："妇人之知，尚能推类以见方来，况圣人君子，才高智明者乎！"⑤

　　荀子、王充等作为杰出的唯物主义思想家、名辩家，他们不仅反对把圣人神化，而且正确地指出推理的重要作用，倡导

---

① 《荀子·劝学》。

② 《荀子·不苟》。

③ 《荀子·非相》。

④ 《论衡·实知》说："儒者论圣人，以为前知千岁，后知万世，有独见之明，独听之聪，事来则名，不学自知，不问自晓，故称圣则神矣。……此皆虚也。……凡圣人见祸福也，亦揆端推类，原始见终，从闾巷论朝堂，由昭昭察冥冥。"

⑤ 以上引文均见《论衡·实知》。

从平民到贤者、圣人都要学会推理,善于运用推理,其精神可佩!其贡献可嘉!

第三节　推类

古代名辩学的推理是在类的基础上进行的,所以又称为推类。比如《墨经》说"推类之难,说在之大小"[①];荀子说"推类接誉,以待无方"[②]"推类而不悖"[③];王充说"以推类见方来""揆端推类,原始见终"[④]等等。

一、明类

墨家和荀子建立了古代名辩学;体系,类概念是名、辞、说、辩诸范畴赖以形成的基础。于是,它也就成为古代名辩学的一个最基本的范畴。

人们要进行推理,首先要"明类""知类"。墨子在反驳别人时就指出其不知类。他说,以无义伐有义与以有义伐无义不是同类现象,因此不能由后者推出前者。[⑤]墨家提出"以类取,以类予"的推类原则(后面还会讨论)。荀子讲推理,则以"类

---

① 《墨经·经下》。
② 《荀子·臣道》。
③ 《荀子·正名》。
④ 《论衡·实知》。
⑤ 参见《墨子·非攻下》。

不悖，虽久同理"①为前提。类如果发生问题了，或者以同类为异类，或者以异类为同类，那么，推理就不可能是正确的。《淮南子》强调说，知类便可以"以类而取之"②，以"类之推者也"③。

二、同类相推，"异类不比"

古代名辩学家认为，推理是以类同为前提的。类同是"有以同"④，不是全同，即若干事物在某些属性上相同，也可以说是若干事物的本质相同。既然同类事物有共同的本质，因此就可以相推。荀子说的"以类度类"⑤，是同类相推;《吕氏春秋》提出的"类同相召"⑥，也是同类相推。

后期墨家从反面提出"异类不比"的原则。

异类不比，说在量。⑦

异：木与夜孰长？智与粟孰多？爵、亲、行、贾，四者孰贵？麋与霍孰高？蚓与瑟孰悲？⑧

墨家认为，不同类的事物由于它们的量度不同，本质各异，因此无法比较，也无法推论。比如，木之长短以尺量，夜之长短以时计，故二者无法比长短；智慧之多少用学问大小来衡量，

① 《荀子·非相》。
② 《淮南子·说林训》。
③ 《淮南子·说山训》。
④ 《墨经·经说上》。
⑤ 《荀子·非相》。
⑥ 《吕氏春秋·召类》。
⑦ 《墨经·经下》。
⑧ 《墨经·经说下》。

谷粟之多少用容器量，故二者无法比多少；爵位贵贱用官阶显示，亲属贵贱用情意体现，行为贵贱用道德评价，商品贵贱用价格衡量，彼此之间无法用同一标准衡量贵贱；麋的高低在兽中比，鹤（霍）的高低在禽中比，二者不可比；蜩（蚋）悲是虫鸣，瑟悲是乐声，二者也不能比。《墨经》用鲜明的事例生动地说明了异类不比、同类相推的道理。

异类不比，不限于某一种具体的推理形式，实际上是关于推论的一条总的规则。本章后面介绍《墨经·小取》篇提出的各种推论式，基本上都是同类相推。

三、"类可推而不可必推"

古代名辩家已经认识到同类可推，但不可必推。就是说，同类相推，有时尽管前提都是真实的，其结论也不一定可靠。这个思想不少名辩家都有过论述，但提得最明确的，是《吕氏春秋》和《淮南子》的作者。《吕氏春秋·别类》篇说："类同不必可推知也。"[①] 即类同可以相推但不可必推，不是类同不可以相推。《吕氏春秋》的《应同》和《召类》篇都明确指出"类同相召"，即同类可推。《淮南子》发挥了《吕氏春秋》的思想，一方面通过一些例证，说明事物均"以类命为象""各从其类"，知类则可"以类取之"或"此类之推也"；另一方面又列举一些例证，说明"此类之不推者也"。综合上述两个方面，《淮南子》

---

① "同"原误为"固"。《吕氏春秋·应同》篇有"类固相召"一句，《召类》篇有"类同相召"一句。两句除"固"与"同"一字不同外，其余十一字完全相同，可证。

得出"类可推而不可必推"的结论。①

古代名辩家所说的同类可推而不可必推，主要是指明依类同进行推理，在有些情况下能得出真的结论，有些情况下不能得出真的结论。他们虽然没有具体说明在哪种情况下推理能得出真的结论，在哪种情况下推理不能得出真的结论，但是能够看到推理有这样两种不同的情况是有意义的。本来推理有演绎推理和归纳推理之分，前者由真的前提能必然推出真的结论，后者由真的前提不能必然推出真的结论。

第四节　辟

辟，即比喻推理，是《墨经》所提出的七种论式之一，也是古人最常用的一种推理形式。

"辟"，在中国古代又称为譬、喻、譬喻等。

最早说到"譬"的文献是《诗经》和《论语》。《诗·大雅·抑》有"取譬不远，昊天不忒"的诗句。《论语·雍也》云："夫仁者，己欲立而立人，己欲达而达人。能近取譬，可谓仁之方也已。"两个文献都强调取譬要"近"，只有"近譬"才不会产生差误。孔子甚至认为，能近取譬，以己为喻，是达到仁的有效途径。但是，不管是《诗经》还是《论语》，都没有对譬的本质作出规定。

---

① 参见《淮南子·说山训》。

一、"以其所知谕其所不知"

最早对"譬"的本质有所阐述的,恐怕算是惠施。汉刘向《说苑·善说》有如下一段记载:

> 客谓梁王曰:"惠子之言事也,善譬。王使无譬,则不能言矣。"王曰:"诺。"明日见,谓惠子曰:"愿先生言事,则直言耳,无譬也。"惠子曰:"今有人于此,而不知弹者,曰:'弹之状何若?'应曰:'弹之状如弹。'则谕乎?"王曰:"未谕也。"于是更应曰:"'弹之状如弓,而以竹为弦。'则知乎?"王曰:"可知也。"惠子曰:"夫说者固以其所知谕其所不知而使人知之。今王曰无譬,则不可矣。"王曰:"善。"

在上述记载中,"夫说者固以其所知谕其所不知而使人知之"一句话最重要,它反映出惠施对"譬"的本质的看法。惠施认为,"譬"是由已知进到未知而使人获得新知的方法,因此,"譬"是一种推理。但是,惠施在上述类似定义的说法中只是指出"譬"是"以其所知谕其所不知",却没有具体说明"所知"与"所不知"者是什么样的判断,以及如何用"所知"去谕"所不知"。惠施所举的例子倒是为我们提供了理解上述问题的一点线索。他说,有人不知"弹之状何若",若直言"弹之状如弹",则其人仍不谕;若说"弹之状如弓,而以竹为弦",则其人便"可知"。这里所说的"弹"即弹弓,所说的"弓"是支撑车盖的弓形木架,即车弓①。车弓是人们已经了解的,将弹弓比作车弓,再附"以竹为弦"的说明,则不知"弹之状"者也自然可知了。

---

① 《周礼·考工记·轮人》:"弓凿广四枚。"注:"弓,盖撩也。"

从这一例看出，譬是两个具体事物的形状之比，二者在形状上相似或相同。既然甲、乙二物在相比之点上相似或相同，因此知甲也可知乙。但由此能否得出结论，说惠施的"譬"就是指具有相似或相同点的两个具体事物的形状之比呢，怕也未必。《吕氏春秋》有一段记载与譬有关：

> 匡章谓惠子曰："公子学去尊，今又王齐王，何其到也？"惠子曰："今有人于此，欲必击其爱子之头，石可以代之。"匡章曰："公取之代乎，其不与？""施取代之，子头所重也，石所轻也，击其所轻以免其所重，岂不可哉？"匡章曰："齐王之所以用兵而不休，攻击人而不止者，其故何也？"惠子曰："大者可以王，其次可以霸也。今可以王齐王而寿黔首之命，免民之死，是以石代爱子头也，何为不为？"①

惠施的这段话显然是个巧喻，符合他所说的"夫说者固以其所知谕其所不知而使人知之"的说法，因此也是"譬"。但他却是用"以石代爱子之头"这个有具体形象的事物去说明何以"去尊"与"王齐王"不相倒逆这个抽象的道理。

综上，我们对惠施的"譬"可以得出如下几点认识：

第一，譬是由已知进到未知的推理。

第二，譬是通过具有相似或相同点的两个思维对象之比较而获得所知的。打比方者是具有鲜明形象的具体事物，而被比拟者可以是具体事物，也可以是抽象的事理。

第三，譬的作用主要是"使人知"，而不是为自己知。用因

---

① 《吕氏春秋·爱类》。

明的话说，它是为他推理，而不是为自推理，因此譬具有论证方法的意义。

第四，惠施"善譬"，他高度评价"譬"的认识作用，认为"无譬，则不可"。由此推测，惠施有可能把"譬"看作是古代推理的代名词。换句话说，他可能把古代的推理统称为"譬"。

《公孙龙子》一书直接谈到"譬"的只有一处，即《迹府》篇说公孙龙"假物取譬，以守白辩，谓白马为非马也"。这里只道出公孙龙用具体事物作譬，而没有关于譬的专门论述。

二、"辟也者，举他物而以明之"

《墨经·小取》有"辟也者，举他物而以明之"的说法，这是对"辟"所下的定义。"辟"与"譬"古代相通；"明"即"知"；"之"与"他物"对举，当为"此"。"此"是欲明者，在"举他物"之前是未知的，而他物是已知的，因此，"辟"是用已知的具体事物为前提推知个别结论的推理。至于结论是关于形象事物的命题，还是抽象的事理，定义中没有揭示。

《小取》明确地指出，"辟"和"或""假""效""侔""援""推"是七种具体的推论方式（或称之为立辞的论式）之一，而不是通常作为修辞手法的比喻。

《墨经》主张同类相推，异类不比。所谓同类，不要求事物在各方面全同，只是"有以同"，即在所比之点相同就是同类。比如《墨子·公输》有个故事说：

> 子墨子见王曰："今有人于此，舍其文轩，邻有敝舆而欲窃之；舍其锦绣，邻有短褐而欲窃之；舍其粱肉，邻有

糠糟而欲窃之，此为何若人？"王曰："必为窃疾矣。"子墨子曰："荆之地方五千里，宋之地方五百里，此犹文轩之与敝舆也；荆有云梦，犀兕麋鹿满之，江汉之鱼鳖鼋鼍为天下富，宋所为无雉兔狐狸者也，此犹粱肉之与糠糟也；荆有长松文梓、梗楠豫章，宋无长木，此犹锦绣之与短褐也。臣以三事之攻宋也，为与此同类，臣见大王之必伤义而不得。"王曰："善哉。"

在墨子看来，舍富而偷贫者与富庶的楚国想去攻占贫困的宋国都是不义的，也就是说在"不义"这一点上是"同类"。因此运用"譬"，从偷窃之"不义"可以推之楚攻宋也是不义的。这说明，作为推论方式的"辟"，也应遵守同类相推、异类不比的规则。

三、"譬称以喻之，分别以明之"

荀子关于"譬"有两段重要的话：

> 谈说之术：矜庄以莅之，端诚以处之，坚强以持之，譬称以喻之，分别以明之，欣欢、芬芗以送之，宝之，珍之，贵之，神之，如是则说常无不受。[①]

> 辩说譬喻，齐给便利，而不顺礼义，谓之奸说。[②]

荀子明确地把"譬"看作是谈说之"术"，用譬来晓喻事理。这种谈说之术既可以为论证真理服务，也可以为"奸说"所用。

---

① 《荀子·非相》。
② 《荀子·非十二子》。

他正确地指出了推论方式的无阶级性。

《荀子》书中用"譬"颇多，下面举两例：

> 国无礼则不正。礼之所以正国也，譬之犹衡之于轻重也，犹绳墨之于曲直也，犹规矩之于方圆也，既错之而人莫之能诬也。①

> 事强暴之国难……事之弥顺，其侵人愈甚，必至于资单、国举然后已，虽左尧而右舜，未有能以此道得免焉者也。辟之是犹使处女婴宝珠，佩宝玉，负戴黄金，而遇中山之盗也，虽为之逢蒙视，诎要桡腘，君卢屋妾，由将不足以免也。②

荀子所用的"譬"，多是以两种事物之理相喻，一般是比喻者（前提）为自然事物之理，被比喻者（结论）为社会政治伦理之理。这同荀子关心社会政治伦理问题有关。荀子用譬很多，却没有对譬的性质作专门探讨，或许在当时大家都是这么用的，并没有感到有什么讨论的必要。值得注意的是，荀子把"譬"和"喻"（同"谕"）二字连称，这在历史上可能是最早的。

四、"不知譬喻，则无以推明事"

后来，《淮南子》也连用过"譬喻"。比如：

> 假象取耦，以相譬喻。③

---

① 《荀子·王霸》。
② 《荀子·富国》。
③ 《淮南子·要略》。

知大略而不知譬喻，则无以推明事。①

《淮南子》的作者们对譬喻提出了两点重要思想：

第一，只有"假象取耦"，才能"相譬喻"。说明譬喻必须运用于两个事物的比较之中，单一的事物不能用譬喻；同时譬喻需要"假象"，即借用某种有具体形象的事物作譬。比如，"以一世之度制治天下，譬犹客之乘舟，中流遗其剑，遽契其舟楫，暮薄而求之，其不知物类亦甚矣"②，"夫以一世之变欲以耦化应时，譬犹冬被葛而夏被裘"③。这都是用有具体形象的事物喻某种抽象的道理。

第二，"不知譬喻，则无以推明事"。《淮南子》不仅明确地把譬喻看作是推知的形式，而且看作是不可缺少的，甚至是"唯一"的推知形式。该书说："言天地四时而不引譬援类，则不知精微。"④ 这与惠施所说的"无譬，则不可"基本上是一致的。

五、"比不应事，未可谓喻"

东汉思想家王充在中国逻辑史上发展了论证逻辑，也对譬喻有所论及：

比不应事，未可谓喻。⑤

兴喻，人皆引人事。人事有体，不可断绝。⑥

---

① 《淮南子·要略》。
② 《淮南子·说林训》。
③ 《淮南子·齐俗训》。
④ 《淮南子·要略》。
⑤ 《论衡·物势》。
⑥ 《论衡·物势》。

> 说家以为譬喻增饰，使事失正是，灭而不存；曲折失意，
> 使伪说传而不绝。①

王充《论衡》的主旨是"疾虚妄"，即批判各种虚假和错误的观点。他在论述譬喻时，也把着眼点放在用譬失误方面。他强调打比方要与被比的事物相符，"比不应事，未可谓喻"。如果譬喻"增饰"，那么就会使真理丧失，而使伪说流传。王充还提出，事物都是一个整体，在做比喻时不能割裂事物各部分之间的联系，做片面的理解，"人事有体，不可断绝"。比如他说："以目视头，头不得不动；以手相足，足不得不摇。目与头同形，手与足同体。"② 这在一定意义上加深了对譬喻的认识。

六、"譬喻也者，生于直告之不明"

东汉末思想家王符对譬有重要的论述。他说：

> 夫譬喻也者，生于直告之不明，故假物之然否以彰之。
> 物之有然否也，非以其文也，必以其真。③

这段话是专门讨论譬喻的，它不仅包含了前人已经指出的譬喻是由已知推未知、举他物而明此理等含义，还颇有新意。

首先，王符指出，譬喻"生于直告之不明"。用"直告之不明"五个字来说明譬喻的认识基础和交际功能是十分贴切的。

其次，王符肯定譬喻的形式是"假物之然否而彰之"。"彰"，

---

① 《论衡·正说》。
② 《论衡·物势》。
③ 《潜夫论·释难》。

明也。"假物以彰之"，就是前人所说的举他物而明此理。然而王符没有在此止步，他进一步提出譬喻是"假物之然否而彰之"。"然"与"否"指两个事物共有的性质（"然"）与共无的性质（"否"），王符认为"共然"与"共否"的两个事物都是同类，这就发展了《墨经》以来的同类相推、异类不比的思想。

最后，王符指出物之"然""否"与"文""真"的关系。"文"是事物的表面现象。相对于思想内容来说，言辞也是文。"真"则是事物的内在性质，事物的本质。王符认为，确定事物的"共然"与"共否"都不能凭表面现象，而必须依据事物的本质。两物相譬，不论是"然"还是"否"都应该在本质上是相同的，否则譬喻就要发生错误。

王符对譬喻的阐述同他对韩非"矛盾之说"的批评有关。王符不同意韩非把"尧之明察"与"舜之德化"譬喻为"不可陷之盾"与"无不陷之矛"，进而得出"尧舜不可两誉"的结论。他说："戈为贼，伐为禁也，其不俱盛，固其术也。夫尧舜之相于，人也，非戈与伐也，其道同仁，不相害也。"其结论是"戈伐弗得俱坚"，而尧舜可以"俱贤"①。王符从逻辑关系上区分矛与盾相害（不相容），尧舜同仁不相害（相容），因此不能用矛与盾的关系去譬喻尧舜的关系。这说明，王符认为必须具有相同性质（或关系）的两个事物才能相譬。但是王符从内容上强调矛与盾是物，尧与舜是人，二者本质不同，因此不能相譬，这是不可取的。

---

① 《潜夫论·释难》。

七、"比类虽繁，以切至为贵"

刘勰论"比""兴"涉及譬喻。"比""兴"作为创作手法，是古人总结《诗经》的创作经验而来的。"比""兴"的最早论者见于《周礼》和《毛诗序》。汉儒郑玄说："比者，比方于物也。兴者，托事于物。"[①] 孔颖达后来解释郑玄的说法，认为"诸言'如'者，皆比辞也"，"兴者，起也。取譬引类，起发己心。《诗》文诸举草木鸟兽以见意者，皆兴辞也"。可见古人讲的"比""兴"与现在讲的譬喻有关系。刘勰总结前辈们的思想，又多出己意，撰《比兴》篇。他指出：

> 比者，附也。[②]

就是说，"比"是用某种事物来比附诗人所要说明的事与理。如"金锡以喻明德，珪璋以譬秀民，螟蛉以类教诲，蜩螗以写号呼，浣衣以拟心扰，席卷以方固志，凡斯切象，皆'比'义也"。

刘勰认为，"'比'之为义，取类不常：或喻于声，或方于貌，或拟于心，或譬于事"。他举例说：宋玉《高唐》云"纤条悲鸣，声似竽籁"，是"比声之类"；枚乘《菟园》云"焱焱纷纷，若尘埃之间白云"，是"比貌之类"；贾谊《鵩赋》云"祸之与福，何异纠缠"，是"以物比理者"；王褒《洞箫》云"优柔温润，如慈父之畜子也"，是"以声比心者"；马融《长笛》云"繁缛络绎，范蔡之说也"，是"以响比辩者"；张衡《南都》云"起郑舞，茧曳绪"，是"以容比物者"。总之，"比"没有常规，

---

① 《毛诗正义》卷一。

② 以下引刘勰语皆见《比兴》篇，不另注。

相比的物类也极为广泛。但不论用什么相比，有一点必须注意，那就是"切"：

> 附理者，切类以指事。

> 盖写物以附意，飏言以切事者也。

> 比类虽繁，以切至为贵。

刘勰所说的"切"，就是恰合。相比的两个事物（或事理），从整体看，可以差异很大，甚至不相连或不相干；但在相比之点上必须相似或相通。"物虽胡越，合则肝胆。"这个"合"，也就是"切"。反之，如果"刻鹄类鹜，则无所取焉"。

关于"兴"，刘勰说：

> 兴者，起也。

> 起情者，依微以拟议。

"兴"是引起感情，即通过某些细致事物的描写，让人体会出作者的思想感情。"兴"也包含譬喻。"兴之托喻，婉而成章，称名也小，取类也大。""兴"是以小喻大，以少喻多，以个别显示一般。比如，"关雎有别，故后妃方德；尸鸠贞一，故夫人象义。义取其贞，无〔从〕疑于夷禽；德贵其别，不嫌于鸷鸟。明而未融，故发注而后见也"。

在刘勰看来，"比"和"兴"都是附托外物来表现作者的思想感情，所不同的是："比"显而"兴"隐。此外，"兴"还有起情的作用。

刘勰是从创作方法上研究"比"和"兴"的，他更强调"兴"的手法。作为逻辑的研究，我们则重视"比"。刘勰所说的"比"，包括修辞意义的比喻，也包括逻辑意义的比喻推理，但他没有区分，他的重点似乎在于讲修辞手法。

值得注意的是，刘勰在《比兴》篇的结尾强调：运用"比""兴"，要"触物圆览""拟容取心"。就是说，不能随意抓取两个事物（或事理）就"比"，必须全面周密地观察相比之事物，既要把握其外部特征（"拟容"），也要摄取事物的内在本质（"取心"）。这一点对于正确地运用"比""兴"是很重要的。

作为创作手法的"比""兴"，在刘勰以后继续有人进行研究。比如唐代皎然说："取象曰比，取义曰兴。义即象下之意。"①宋代朱熹说："比者，以彼物比此物也。""兴者，先言他物以引起所咏之词也。"②毛泽东1965年给陈毅谈诗的一封信里引用了朱熹的上面两句话。这些就不详细讨论了。

八、小结

通过上面的考察，我们发现中国古代文献中有关于譬喻的极为丰富的思想资料。分析这些思想资料，可以得到以下一些认识：

1. 中国古人是很重视譬喻的。他们不仅在各种文章中大量运用譬喻，而且对譬喻有广泛而精彩的论述。惠施、《墨经》、《淮南子》、王符、刘勰等从不同方面规定了譬喻的定义，阐述了譬喻的性质、认识基础和作用；《诗经》、孔子、王充、王符、刘勰等不同程度地指出了正确运用譬喻必须遵守的规则（原则），

---

① 《诗式》。
② 《诗集传》卷一。

以及运用譬喻出现失误的情形、原因等。其中有些论述是颇为深刻和精彩的。

2. 中国古代文献中的"譬喻"，总的来说是个比较宽泛、灵活的概念，各家的看法也不尽一致。有的人是从创作方法和修辞手段上探讨和运用譬喻的，如刘勰等；有的人主要是从推理方面研究和使用譬喻的，如惠施、《墨经》作者、王符等。一般地说，从文体或创作手法方面研究和运用譬喻的，并不排斥其中的推理因素，只是他们没有意识到这一点或者没有指出来而已。

3. 作为推理的譬喻概念，已经有了一些比较稳定的、明确的内涵。对古代譬喻推理作逻辑的和历史的考察，我们似乎可以初步理出中国古代"譬喻"理论发展的基本线索。

惠施说，"譬"是"以其所知谕其所不知而使人知之"，揭示了譬是由已知到未知的推理。但他说得比较笼统，以至使人怀疑"譬"是否为古代一切推理的统称。《墨经》说，"辟"是"举他物而以明之"，在肯定辟是推理的基础上，进一步指出推理的前提是"他物"，在一定意义上揭示出辟的前提是有具体形象的事物。《淮南子》用"假象取耦"来说明譬喻，把前提所具有的具体形象明朗化了。王充提出"比不应事，未可谓喻"，强调作比者与被比者之间的相应。王符继承前人譬喻思想之大成，从三个方面比较全面地揭示了譬喻推理的性质，即"生于直告之不明"，"假物之然否以彰之"，"物之有然否也，非以其文也，必以其真也"。

第五节　效与侔

一、效

效是《墨经》提出的七种论式之一，它是一种演绎推理。《墨经》说：

> 效者，为之法也。所效者，所以为之法也。故中效则是也，不中效则非也。[①]

"效"是法，是标准。就是说，在论辩过程中，先提供一个共同认可的标准，然后拿所要讨论的论题或论证和这个标准相对照。符合标准的，即中效者，就是"是"；不符合标准的，即不中效者，就是"非"。可见，这是以"效"为大前提的演绎推理。

墨子说："言必立仪，言而毋仪，譬犹运钧之上而立朝夕者也，是非利害之辨，不可得而明知也。"[②] 荀子说："凡议必将立隆正，然后可也。无隆正，则是非不分而辨讼不决。"[③] 墨子所说的"仪"，荀子所说的"隆正"，也就是《墨经》所说的"效"。他们对"仪"和"隆正"的作用的说明，也是对效式推论意义的一个阐释。

效式中的"法"，有着广泛的含义。《墨经》说："法，所若

---

① 《墨经·小取》。
② 《墨子·非命上》。
③ 《荀子·正论》。

而然也。"① "意、规、圆三也，俱可以为法。"② 就是说，如果 A 是依照 B 而成其为如此者，那么 B 就是 A 的 "法"。比如要画一个圆，我们可以根据圆的定义，即 "一中同长" 这个 "意" 来画圆；也可以用圆规这个工具来画圆；还可以用一个现成的圆形作为模型来画圆。对于所画的圆来说，定义、圆规、现成的圆形都是法。③

墨子提出 "言必有三表"："上本之于古者圣王之事"，"下原察百姓耳目之实"，"发以为刑政，观其中国家百姓人民之利"。④ 这 "三表" 也就是三法。⑤

效式推论是古人经常使用的一种论辩方法。据记载，墨子曾对程子说："儒之道，足以丧天下者四政焉。" 程子说："甚矣，先生之毁儒也！" 墨子反驳说：

> 儒固无此若四政者，而我言之，则是毁也；今儒固有此四政者，而我言之，则非毁也，告闻也。⑥

墨子的反驳就运用了效式推论。首先，双方对 "毁"（诽谤）有共许："毁" 是无中生有地攻击。这是立仪。然后墨子说，儒家如果没有 "此四政者"，而 "我" 无中生有地去说它，那是诽谤（"则是毁也"），这是中效式；儒家既然有 "此四政者" 之实，而 "我" 根据事实去说它，这是 "告闻"，而 "非毁" 也，这是不中效式。

---

① 《墨经·经上》。
② 《墨经·经说上》。
③ 参见沈有鼎：《墨经的逻辑学》，第48—49页。
④ 《墨子·非命上》。
⑤ 在《墨子》的《非命中》和《非命下》中，"三表" 都作 "三法"。
⑥ 《墨子·公孟》。

二、侔

侔，也是《墨经》所提出的七种论式之一。它是一种复杂概念推理。《墨经》说：

> 侔也者，比辞而俱行也。①

《说文》："侔，齐等也。""比，密也。"侔式推理是在作为前提的命题的主谓项前面紧挨着增加相同的概念，进而得出一个新的命题的推理。《墨经》作者对侔式推理只说了前面引述的那样一句话，没有做进一步明确的阐述。但是《墨经》比较集中地给出了若干种侔式推理的实例，从这些实例中我们可以获得对侔式推理的一些认识。

《墨经》所列举的侔式实例有四种类型。

一曰"是而然"，即前提为肯定判断，结论也为肯定判断。比如：

> 白马，马也；乘白马，乘马也。
>
> 骊马，马也；乘骊马，乘马也。
>
> 获，人也；爱获，爱人也。
>
> 臧，人也；爱臧，爱人也。②
>
> 〔秦马，马也；〕有有于秦马，有有于马也。
>
> 〔己，人也；〕爱己，爱人也。
>
> 〔璜，玉也；〕是璜也，是玉也。③

以"白马"句为例，这个推理的现代译法应为：

---

① 《墨经·小取》。

② 以上4则均见《墨经·小取》。

③ 以上3则均见《墨经·大取》，方括号内字为笔者补。

　　　　白马是马；骑白马是骑马。

前提"白马是马"是直言命题,结论"骑白马是骑马"为关系命题。很显然,在前提"白马是马"的主、谓项前面分别紧挨着增加相同的"骑"(乘)这个关系词,就得到了结论"骑白马是骑马"。《小取》篇又说:"乘马,不待周乘马然后为乘马也。有乘于马,因为乘马矣。"这说明"乘白马"的白马和"乘马"的马都是不周延的,也就是说其量词都是特称的。侔式推理可以表示为:

　　　　S 是 P

　　　　所以,RS 是 RP("R",代表一种关系)

也可以用数理逻辑的符号把侔式推理表示为:

　　　　$\forall x (Sx \rightarrow Px)$

　　　　$\therefore \forall x \lbrack (Mx \rightarrow \exists y(Sy \land Rxy)) \rightarrow (Mx \rightarrow \exists \forall (Py \land Rxy))) \rbrack$

令 S 代表一元谓词"……是白马",P 代表"……是马",M 代表"……是人",R 代表骑(乘)的二元关系。上述推理读为,从"对所有 x 而言,如果 Sx,则 Px"这个前提,可推出结论:对所有 x 而言,"如果 Mx,则有一个 y 使得 Sy 并且 Rxy"蕴涵"如果 Mx 则有一个 y 使得 Py 并且 Rxy"。

　　值得注意的是,侔式推理的前提是直言命题,而结论是关系命题。侔式推理与西方传统逻辑里的复杂概念推理(如"马是动物;谁乘马,谁就是乘动物")是一致的。

　　侔式的"是而然"模式是一种正确的演绎推理。

　　二曰"是而不然",即前一个判断为肯定判断,后一个判断是否定判断。比如:

　　　　获之亲①，人也；获事之亲，非事人也。

　　　　其弟，美人也；爱其②弟，非爱美人也。

　　　　车，木也；乘车，非乘木也。

　　　　船，木也；入船，非入木也。

　　　　盗，人也；多盗，非多人也。

　　　　〔盗，人也；〕无盗，非无人也。

　　　　〔盗，人也；〕恶多盗，非恶多人也。

　　　　〔盗，人也；〕欲无盗，非欲无人也。

　　　　〔盗，人也；〕爱盗，非爱人也。

　　　　〔盗，人也；〕不爱盗，非不爱人也。

　　　　〔盗，人也；〕杀盗，非杀人也。③

　　《墨经》作者认为，遇到上述类型的实例，不能从肯定的前提推出肯定的结论。相反，如将"结论"中的肯定变为否定，才是真的判断。换句话说，对于上述类型的实例，应该处理成"是而不然"的模式。

　　为什么要如此，《墨经》没有说明。从实例来分析，可以发现以下几个问题：

　　第一，在后一个判断中，所增加的两个概念不同一。比如"事亲"的"事"是侍奉，而"事人"的"事"是伺候（佣人），二者不是同一个概念；"爱弟"的"爱"是手足之爱，"爱美人"之"爱"，是异性之爱；等等。

　　第二，由于增加了新的概念而改变了原概念的内涵，造成

———————————

① "亲"，旧为"视"，从王引之校改。

② "其"旧脱，据前分句补。

③ 以上11则论式均见《墨经·小取》，方括号内字为笔者补。

前后两个判断中相同的语词不表达相同的概念。比如"船，木也"的"木"，是一般意义上的木或木制品；而"入木"的"木"，是棺材的意思。

第三，前一个判断中两个概念之间的关系与后一个判断中两个概念之间的关系不一致。

三曰"不是而然"，即前一个判断为否定判断，而后一个判断是肯定判断。比如：

> 读书，非书也；好读书[①]，好书也。
>
> 斗[②]鸡，非鸡也；好斗鸡，好鸡也。
>
> 且入井，非入井也；止且入井，止入井也。
>
> 且出门，非出门也；止且出门，止出门也。
>
> 且夭，非夭也；寿且夭[③]，寿夭也。
>
> 有命，非命也；非执有命，非命也。[④]
>
> 一人指，非一人也；是一人之指，乃是一人也。
>
> 方之一面，非方也；方木之面，方木也。[⑤]

《墨经》作者认为，遇到上述类型的实例，不能从否定的前提推出否定的结论。相反，如将"结论"中的否定改为肯定，才是真的判断。换句话说，遇到上述类型的实例，应该处理成"不是而然"的模式。

为什么要如此，《墨经》也没有具体说明。从实例分析，可

---

① "书也；好读书"五字，从胡适校增。

② "斗"前旧有"且"字，从沈有鼎校删。

③ "寿且夭"三字，从沈有鼎校增。

④ 以上六则论式均见《墨经·小取》。

⑤ 以上二则论式均见《墨经·大取》。

以发现如下几个问题：

第一，一些包含未来时态模态词的命题及其否定问题。"将如何如何"不等于"如何如何"，而停止"将如何如何"则为"停止如何如何"。墨家似乎看到了时态命题的一些特殊性质。

第二，前后两个命题中的相同语词不是表达同一概念。如"且夭，非夭"中的"且"是"将要"意，而"寿且夭"之"且"是"并且"（合取）之意。两者不是同一个概念。

四曰"不是而不然"，即前提为否定判断，结论也为否定判断。《墨经》中没有论及这一点。但从"是而然""是而不然"和"不是而不然"中可以自然地想到这一点，并且可以很容易地找到这个类型的实例。比如：

马非牛；乘马非乘牛。

狗非人；杀狗非杀人。

臧非亲；爱臧非爱亲。

鬼非人；祭鬼非祭人。

上述类型的推理是正确的。

总体来说，侔式推论的"是而然"与"不是而不然"两种模式都是有效的演绎推理，"是而不然"与"不是而不然"是两种无效的推理形式。《墨经》是否明确地认识到这一点，不好说。因为它并没有这么说，也没有为侔式的不同模式制定出有效的规则。《墨经》可能认识到侔式推论种种不同的模式，其推论情况是不同的，并告诉人们在推理时要高度注意，不然就会发生错误。他们为什么不列出有效推论的规则？我猜想大概有两种可能：一是他们没有能力总结出侔式推论的公式；二是在当时列举出不同类型的实例（特例）大家就会明了了，用不着再去列形式公式。

从《墨经》列举的侔式的各种不同类型，我们可以看到，一个有效的侔式推理，起码应该具备以下几点：

第一，前提和结论的质要相同。即前提是肯定判断，结论也必为肯定判断；前提为否定判断，结论也必为否定判断。

第二，前提和结论中的相同语词要表达同一概念。

第三，结论中两个概念外延之间的关系，与前提中两个概念外延之间的关系要相同。

侔式推论是中国古代名辩学特有的一种推理方式。在西方逻辑中，与侔式相近的有附性法，其形式为：

SAP ⊢ QSAQP

也可以表示为：

$(\forall x)(Sx \rightarrow Px) \vdash (\forall x)(Qx \wedge Sx \rightarrow Qx \wedge Px)$

附性法属于直言命题的推理，而侔式推理是关于二元谓词的关系推理。关于关系逻辑，西方是在 19 世纪中叶以后才引起逻辑学家的重视，并且进行研究的。

第六节　援与推

一、援

援是《墨经》提出的七种论式之一。它是在论辩中为自己的论点进行辩护的方法。《墨经》说：

> 援也者，曰："子然，我奚独不可以然也？"①

"援"是援引对方所赞成的观点，说明它和自己的观点是一样的或同类的，以此论证自己的观点也是正确的。这个道理很浅显：双方的观点是一样的或同类的，既然你说你的观点是正确的，为什么唯独我这么说就是不正确的了呢？这显然是说不通的。《公孙龙子》记载的公孙龙反驳孔穿的一个故事，就是用的典型的援式推论。

> 龙与孔穿会赵平原君家。穿曰："素闻先生高谊，愿为弟子久，但不取先生以'白马为非马'耳！请去此术，则穿请为弟子。"龙曰："先生之言悖……且白马非马，乃仲尼之所取。龙闻楚王张繁弱之弓，载忘归之矢，以射蛟、兕于云梦之圃，而丧其弓。左右请求之。王曰：'止！楚人②遗弓，楚人得之，又何求乎？'仲尼闻之曰：'楚王仁义而未遂也。亦曰人亡弓，人得之而已，何必楚？'若此，仲尼异楚人于所谓人。夫是仲尼异楚人于所谓人，而非龙异白马于所谓马，悖。"……孔穿无以应。③

孔子"异楚人于所谓人"与公孙龙"异白马于所谓马"，显然是同类的命题，其命题形式可表示为："异 QY 于 Y"或"QY非（异于）Y"。"楚人"与"人"是包含于关系，"白马"与"马"也是包含于关系。作为孔子后代的孔穿赞成（"是"）孔子的"异楚人于所谓人"，而不赞成（"非"）公孙龙的"异白马于所谓马"，这是没有道理的，所以孔穿对公孙龙的反驳"无以应"。

---

① 《墨经·小取》。

② "楚人"原作"楚王"，依陈礼校改。

③ 《公孙龙子·迹府》。

援式推论是以类同为前提，从个别推出个别的类比推理。

古代的援式推论，不同于现在一般的援引他人观点来正面证明自己观点的正确性。它仅是在论辩中，当自己的论点遭到别人反对时，援引对方的有关论点为自己辩护。只要援引的观点和自己的观点确为同类或一样，运用援式反驳是很有力量的。孔穿对公孙龙的反驳"无以应"，就是证明。这种援式推论在今天仍是一种常见的、有效的反驳方法。

二、推

推是《墨经》提出的七种论式之一。它是一种归谬式的反驳方法。

《墨经》说：

> 推也者，以其所不取之同于其所取者，予之也。"是犹谓"也者，同也。"吾岂谓"也者，异也。[1]

如果对方提出一个论点，你不赞成，就选择一个与对方论点是同类的，又是对方不能接受的命题给予对方，使对方处于自相矛盾的境地，从而否定对方提出的论点。这就是"推"式反驳法。《墨子》书中记载了墨子的这样一个反驳，公孟子主张"无鬼神"，又主张"君子必学祭礼"，墨子说："执无鬼而学祭礼，是犹无客而学客礼也，是犹无鱼而为鱼罟也。"[2] 无鬼而学祭礼是公孟子的主张，无鬼而学祭礼与无客而学客礼、无鱼而为鱼

---

① 《墨经·小取》。
② 《墨子·公孟》。

罟性质是相同的，所以墨子用"是犹"两个字。公孟子认为无客而学客礼、无鱼而为鱼罟是不对的，却又主张无鬼而学祭礼，显然是自相矛盾。可见主张"无鬼而学祭礼"是不对的。墨子在这里就是用"推"式反驳法驳斥了公孟子的主张。

推式推论的要点是：正确地选择一个论点，这个论点既为对方所不许，又与对方的论点是同类。只有这样，才能使对方陷入自相矛盾的境地。对方要想摆脱自相矛盾的境地，只好放弃自己的主张。由此可见，推式推论是以类比推理为基础的：同类的两个命题，由A真，推出B真；由A假，推出B也假，而不能一真一假。

"援"和"推"的共同点是：根据同类事物有相同的属性这一基本认识，把属于同一类的两个事物（或命题）拿来做比较，由其一具有（或不具有）某属性而推知其二也具有（或不具有）该属性，这就是中国古代的类比推理。它是在同类事物（或命题）中由个别性前提推出个别性结论的推理。当推论者根据已有的知识知道"A和B同类"，却不一定知道该类事物的共同本质是什么，在这种情况下，就使用类比推理。古代类比推理的前提和结论的联系也是或然的，但又与现在传统逻辑里讲的类比推理有所不同。它是中国古代名辩家的创造，今天读到它仍很有启发。

第七节　"以类度类"

"以类度类"是荀子提出的，前面已摘引过。"以类度类"就是以类相推。它主要包括两种不同的推理形式。

其一，是演绎性的类比推理。已知同类事物中的某一特定对象具有某种性质，便可推知该类的另一对象也具有此种性质，因为同一类事物有共同的本质。比如，由于文字或经验的局限，历史上的东西离后人越远则人们知道的也越少。要想知道过去，只需要看现在。"欲观千岁，则数今日"，"欲知上世，则审周道"。因为"类不悖，虽久同理"。这种由"周道"推知"上世"，"坐于室而见四海，处于今而论久远"[①]的推理就是演绎性的类比推理。如果用公式表示，大体上是：

　　　　已知 A（特定对象）具有性质 W，

　　　　A、B 同类，

　　　　所以，B 也具有性质 W。

或者

　　　　已知 A、B 同类（具有共同的本质），

　　　　A 具有性质 W，

　　　　所以 B 也具有性质 W。

表面上看，这是一种从个别前提推知个别结论的推理。但这种从个别到个别的推理是建立在知类的基础上的，所以我们称这种推理为演绎性的类比推理。运用这种推理时，"A、B 是同类"或"同类者同理"等前提往往不出现，却又是人们共许的。

----

① 《荀子·解蔽》。

其二，是一般的演绎推理。"以类度类"的前一个"类"字，指某类事物的一般性质，即"同理"；后一个"类"字指这一类的个别事物。"以类度类"就是用已知的一类事物的共同性质去推知该类中某一事物也具有该性质。这也就是荀子所说的"以道观尽"。

荀子十分重视对一类事物的共同性质的认识。比如他说："农精于田而不可以为田师，贾精于市而不可以为市师，工精于器而不可以为器师。有人也，不能此三技而可使治三官，曰：精于道者也，（非）精于物者也。精于物者以物物，精于道者兼物物。故君子壹于道而以赞稽物。壹于道则正，以赞稽物则察；以正志行察论，则万物官矣。"① 精通的"道"越普遍，则认识的事物也就越多。

荀子在《非相》篇讨论推理时说过这样一段话："以近知远，以一知万，以微知明。"其中"以近知远"是演绎性类比推理；"以一知万"是一般的演绎推理；"以微知明"，也就是人们常说的"见微知著"，是根据事物的因果关系所作的推理。比如荀子说："物类之起，必有所始；荣辱之来，必象其德。肉腐出虫，鱼枯生蠹；怠慢忘身，祸灾乃作；强自取柱，柔自取束；邪秽在身，怨之所构；施薪若一，火就燥也；平地若一，水就湿也；草木畴生，禽兽群焉；物各从其类。"② 荀子把事物之间的因果联系也看作是类的联系。

---

① 《荀子·解蔽》。

② 《荀子·劝学》。

第八节 "一节见而百节知"

"一节见而百节知"是《淮南子·说林训》中的一句话，它含有归纳推理的内容。我们借此来讨论中国古代名辩家对归纳推理或归纳方法的一些认识。

一、止

"止"是一种反驳方式。《墨经》说：

> 止，因以别道。①
>
> 彼举然者，以为此其然也；则举不然者而问之。②
>
> 止，类以行之，说在同。③
>
> 彼以此其然也，说是其然也；我以此其不然也，疑是其然也。④

两个人在论辩的时候，如果对方举出一个或一些肯定的例证（"彼举然也"），就以为该类所有的事物都如何如何（"以为此其然也"）；那么，我就举出个否定的例证来加以问难（"举不然者而问之"），使人们怀疑对方的普遍性结论（"疑是其然"）；进而让对方修正他的论点，即把它限制在一个恰当的论域里（"因以别道"）。比如，《墨经》举例说："以人之有黑者有不黑

---

① 《墨经·经上》。
② 《墨经·经说上》。
③ 《墨经·经下》。
④ 《墨经·经说下》。

者也，止'黑人'。"^①就是说，如果对方只根据他所见到的人都是黑的，就得出"所有人都是黑的"的结论，我就举出人"有不黑"的反例来加以反驳，使对方将"所有人都是黑的"的结论限制为"人之有黑者有不黑者"。

运用止式反驳时，所列举的反例一定要与对方的例证是同类（"类以行之，说在同"），否则，这个反驳就是不正确的。

通过上面的分析可以看出，《墨经》全面地描述了止式反驳的推理步骤、作用和规则。

止式推论不是一个单一的推理形式。它既包含从个别事例推出一般性结论的归纳过程（后面将详细讨论）；也有性质判断的对当关系推理，因为具有相同主项和谓项的全称肯定判断和特称否定判断之间是矛盾关系，二者不能同真，也不能同假。当我提出的反例是真的时，对方的全称肯定判断就必然是假的。下面我们重点讨论止式推论中的归纳推理。

墨子后学在阐述止式反驳方法时提出，"彼举然也，以为此其然也，则举不然者问之"。所谓"彼举然也，以为此其然也"，正是对简单枚举归纳推论的明确表述。在《墨子》书中，我们很容易找到运用简单枚举推理的例证。比如，墨子分别举出尧、舜、禹三圣王薄葬短丧，非厚葬久丧，进而得出"厚葬久丧，果非圣王之道"的普遍性结论。^②又如墨子列举晋文公好士之恶衣，故文公之臣皆牂羊之裘；梦灵王好士之细腰，故灵王之臣皆以一饭为节；越王勾践好士之勇，故士闻鼓音，破碎乱行，

---

① 《墨经·经上》。
② 详见《墨子·节葬下》。

蹈火而死者左右百人有余……进而得出一个普遍性的结论：凡"君说之，则士众能为之"①。这类事例不胜枚举。

值得注意的是，《墨经》进一步指出：对于一个普遍性的结论，只要举出一个反例就可以驳倒它。这说明，《墨经》作者已经认识到运用枚举归纳推理得到的一般性结论并非完全可靠。换言之，从真的前提不能必然推出真的结论，也就是说枚举归纳推理是或然性推理。这个认识无疑是非常正确的。

《吕氏春秋》和《淮南子》都讨论到归纳推理。《吕氏春秋》说："有道之士，贵以近知远，以今知古，以益所见知所不见。故……尝一脟肉，而知一镬之味、一鼎之调。"②尝一脟肉，何以知一镬之味、一鼎之调？显然是运用的归纳推理。《淮南子》也有类似的看法，该书云："一节见而百节知也。"③他们都看到了可以从一类事物的个别对象具有某种性质进而推知该类的全部对象都具有该种性质。

二、"得事之所由"

古代名辩家曾经探讨过事物的因果关系。《墨经》论"故"，其中就包含着对因果关系的认识。特别是当他们觉察到普通的推类常有失误的现象发生之后，就更加注意对具体事物的因果关系的探索。在这方面，《吕氏春秋》和《淮南子》的作者们提出过重要论断。《吕氏春秋》说："有道之士，贵……以益所见

---

① 详见《墨子·兼爱中》。
② 《吕氏春秋·察今》。
③ 《淮南子·说林训》。

知所不见。故审堂下之阴，而知日月之行，阴阳之变。见瓶水之冰，而知天下之寒，鱼鳖之藏也。"① 这种知，就是建立在对因果关系的认识上的。

《吕氏春秋》明确地说："凡物之然也，必有故。而不知其故，虽当与不知同，其卒必困。"② 首先，他们肯定任何一种现象的出现都是有它的原因的；进而强调指出，要认识事物，就必须知其所以然，否则，即使你将某种事物说对了，也还是无知的，最终必然会感到困惑。《淮南子》的作者把探求事物的因果联系看得比得到珠宝还珍重："得隋侯之珠，不若得事之所由。"③ 从说话的语气看，似乎他们在这方面是深有体会的。

事实也正是如此。《吕氏春秋》和《淮南子》两部书，都有很多篇幅集中讨论事物同异关系的错综复杂，列举了大量事例说明由于对事物的同异关系认识不清而在推类中发生错误。正是基于这种认识，他们提出"类同可推"但"不可必推"。也正是为解决推类的失误，他们强调要研究事物的因果关系，因此推动了归纳逻辑的发展。

王充强调推类必须与"验物"相结合。他认为，应该推类而不推类是不对的；但如果论据不足、物类不同而强去推类，那么就会发生"饰貌以强类者失形，调辞以务似者失情"④ 的错误。因此，推类要慎重，要有事实根据，要弄清事物的因果联系，

---

① 《吕氏春秋·察今》。

② 《吕氏春秋·审己》。

③ 《淮南子·说山训》。

④ 《论衡·自纪》。

"原理睹状，处著方来，有以审之"，"有因缘以准之"①。

　　中国古代归纳思想的产生有深刻的认识根源。就人类的认识秩序来说，总是先认识个别事物的特殊本质，继而认识一般事物的共同本质，再以对一般事物共同本质的认识为指导去认识新的个别的事物。在这个认识的总过程中，特别是从个别到一般的认识中，是离不开归纳推理和归纳方法的。但是，人的认识离不开归纳推理和归纳方法，并不等于任何人都有归纳逻辑思想。一个人有没有归纳逻辑思想，关键要看他是否自觉地认识到思维中的归纳过程，是否对归纳过程、归纳推理和归纳方法进行了反思并且提出了有关的理论原则。

　　承认经验之知和推理之知是古代归纳思想形成的必要条件。一般说来，不相信感性经验，就不可能有从个别经验出发的归纳过程；只相信感性经验而不承认理智和推理，经验就只是经验，也无法产生作为理性成果的归纳推理。只有既重视经验之知，又重视推理之知，归纳逻辑的出现才有可能。

　　中国古代名辩家大多重视经验，肯定理性，承认通过人的感官与外界接触和运用理智可以获得关于事物的正确认识。比如墨子及其后学认为，人有认识能力（"知，材也"），人的感官同外界接触能够得到知识（"知，接也"），人可以运用推理获得"说知"。荀子、王充等对此也都有精彩的论述。这就为中国古代归纳思想的产生奠定了深厚的基础。

---

① 《论衡·知实》。

第九节　连珠

连珠，又称连珠体、演连珠。它既是一种文体，也是一种推论形式。

一、连珠创始于韩非

《韩非子》内外《储说》6篇，有格式大体相同的33则论式，每则论式都有论题和论据，或前提和结论，"互相发明"，构成有特点的推论形式。兹录一则如下：

> 众端参观
>
> 观听不参则诚不闻，听有门户则臣壅塞。其说在侏儒之梦见灶，哀之称"莫众而迷"。故齐人见河伯，与惠子之言"亡其半"也。其患在竖牛之饿叔孙，而江乙之说荆俗也。嗣公欲治不知，故使有敌。是以明主推积铁之类而察一市之患。①

此则论式，先列论题"众端参观"；接着从反面提出两个判断"观听不参则诚不闻，听有门户则臣壅塞"作为前提；再列举若干正反故事（用"其说在"与"其患在"相区别）作例证，说明上述前提；最后得出结论，"明主推积铁之类而察一市之患"（用"是以"联结上下文），结论是用具体事件表明论题。前提（论据）与论题是演绎关系，例证与前提是归纳关系，例证与结论又有类比关系。

---

① 《韩非子·内储说上》。

《内储说》上、下两篇其他 12 则论式的格式与"众端参观"类同。

> 公室卑则忌直言，私行胜则少公功。说在文子之直言，武子之用杖；子产忠谏，子国谯怒；梁车用法，而成侯收玺；管仲以公，而国人谤怨。[①]

此则论式中，"公室卑则忌直言，私行胜则少公功"是论题，"说在"以下是以例证做论据，例证和论题构成归纳推理。

韩非的 33 则论式是连珠的最初形式。

西汉扬雄继承了韩非连珠的推论特点，但在文字上比韩非的简约，在句式上比韩非的更整齐，同时增加了文学色彩。《艺文类聚》卷五十七载有扬雄的两首连珠，兹录其一：

> 臣闻：明君取士，贵拔众之所遗；忠臣荐善，不废格而所排。是以岩穴无隐，而侧陋章显也。

这则连珠有明显的推理性质。"是以"前面的句子是前提，后面的句子是结论。结论可以从前提中推出来。

二、陆机、葛洪演连珠

魏晋南北朝是连珠的繁荣时期，两晋达到高峰。陆机和葛洪是制作连珠的两位巨擘。下面，我们先列举几首连珠，然后分析连珠的推理特点。

> 臣闻：春风朝煦，萧艾蒙其温；秋霜霄坠，芝蕙被其凉。

---

① 《韩非子·外储说左下》。

是故威以齐物为肃，德以普济为弘。[①]

就是说，春风朝拂，恶草也能得到温暖；秋霜夜降，芳草同样受其凉。所以，施威济德都应一视同仁。

这是陆机的一首两段连珠。"是故"前面的话是前提，包括春风朝拂和秋霜夜降两种自然现象。从这两种自然现象可以归纳出一般性认识，即自然界里无厚此薄彼之分。然而这个一般道理被省略了。"是故"以后的话是结论，它是通过与前提事件的类比得到的，即寒暖之于萧艾、芝蕙同厚薄，则明君施威济德于百姓应齐一。这则连珠是用自然之理类比人间之理。

　　臣闻：音以比耳为美，色以悦目为欢。是以众听所倾，非假百里之操；万夫婉娈，非俟西子之颜。故圣人随世以擢佐，明主因时而命官。[②]

就是说，音乐以适应于耳闻为动听，容颜以悦目为姣好。因此众人爱听的不限于百里奚演奏的音乐，大家爱慕的也并非仅仅是西施的美貌。所以，圣人应随时世的变迁而识拔人才，英明的君主应根据当代的需要而任命官吏。

这是陆机的一首三段连珠，是用"是以"和"故"连接起来的。第一、二段为演绎，省略了"不同人的耳目各殊"的前提。第一、三段又有异类之比的意味。

　　谤讟不可以巧言弭，实恨不可以虚事释。释之非其道，弭之不由理。犹怀冰以遣冷，重炉以却暑，逐光以逃影，

----

① 梁萧统编《文选》。
② 梁萧统编《文选》。

穿舟以止漏矣。①

就是说，诽谤不能用巧言消除，因为不在理；恨懑不能以虚事平息，因为不合道。就像怀揣冰以排冷，守火炉以却热，想去影而站在阳光下，欲止船漏反倒在船上穿孔等一样，是根本达不到预期的效果的。

　　这是葛洪的一首三段连珠。"谤蠚"句是论题，也可以看作是结论的前提。"释之""弭之"两句是论据之一，前面省略了连接词"何则"。"犹"以下四句为譬例，是论据之二。论据一和论题构成演绎推理，论据二和论题构成类比推理。

　　综观陆机和葛洪的全部连珠，它们有以下三个特点：

　　第一，连珠有大体整齐的格式。从语句看，一般分为两段或三段，有相应的连接词把各段连接起来。从逻辑看，都有前提和结论，或论题和论据，并用相应的连接词以显示各段之间的推论关系。

　　第二，一般说来，一则连珠不是单一的推理形式，而是表现为若干推理形式的综合运用。其中类比和譬喻往往不可缺少，它要么和演绎推理相结合，要么与归纳推理相结合。既可以充分发挥类比或譬喻的形象、生动、易懂等优点，又可以在一定程度上增强类比或譬喻的可靠性，避免主观的无类比附。

　　第三，连珠的文字简洁而美丽。

　　中国古代思想家大量制作连珠，在某种意义上可以看作是他们把推理形式化的一种意念和尝试。当然这种尝试还是初步的。

---

①　葛洪《抱朴子·博喻》。

第十节 朱熹的推理思想

朱熹的哲学体系是唯心的，但他却提出了很多有价值的推理思想。他肯定推理之知，认为："从那知处推开去，是因其所已知而推之以至于无所不知也。"[1] 又说："致知工夫，亦只是且据所已知者玩索推广将去。"[2] 他继承先秦名辩家提出的"以类为推"的思想，指出所谓"以类而推"，即"是从已理会得处推将去"[3]。之所以能"以类而推"，是因为"理固是一理"。[4]

特别值得重视的是，他在讲治学的方法时明确地提出了"自下面做上去"与"自上面做下来"两种方法，其中含有对归纳推理方法和演绎推理方法的极为丰富的认识。

一、"自下面做上去"

所谓"自下面做上去"，就是一件一件地格物，格到一定的数量，就可以得到关于事物的一般性的认识。这也就是朱熹所说的，"便是就事上旋寻个道理凑合将去，得到上面极处亦只一理"[5]。他认为这个推理过程是很自然的，"零零碎碎凑合将来，不知不觉自然醒悟"[6]。朱熹的这些说法描述出了归纳推理从个别到一般的认识过程。

---

① 《朱子语类》卷 15。
② 《朱子语类》卷 15。
③ 《朱子语类》卷 18。
④ 《朱子语类》卷 18。
⑤ 《朱子语类》卷 114。
⑥ 《朱子语类》卷 18。

那么，格多少事物才能得出"极处"之一般的"理"呢？朱熹对此有两种说法。

其一，穷尽事物之理："格物者，格，尽也，须是穷尽事物之理。若是穷得三两分，便未是格物；须是穷尽得到十分，方是格物。"①

其二，不必穷尽事物之理："穷理者非谓必尽穷天下之理，又非谓止穷得一理便到，但积累多后自当脱然有悟处。"②"如十事已穷得八九，则其一二虽未穷得，将来凑合都自见得。"③"如一百件事理会得五六十件了，这三四十件虽未理会，也大概是如此。"④

前者说的是完全归纳推理，后者说的是不完全归纳推理。对于不完全归纳推理"格物"的数量，大体上有个限定，那就是十分之事，只"格"一分不行，"格"二三分也不可，而"格"八九分最好，"格"五六分也可。在朱熹的心目中，大概"格物"至少要超过半数，这样就可以避免轻率概括的错误。他还正确地指出，不完全归纳推理的前提和结论之间的联系是或然的，所以他说得出的结论"大概是如此"。

二、"自上面做下来"

所谓"自上面做下来"，是先得到对事物"大体"和"大本"

---

① 《朱子语类》卷15。
② 《朱子语类》卷18。
③ 《朱子语类》卷18。
④ 《朱子语类》卷18。

（即事物的共性、本质）的认识，然后依此往下推知每个事物也有个"当然之理"。朱熹说：

> 自上面做下者，先见得个大体，却自此而观事物，见其莫不有个当然之理，此所谓自大本而推之达道也。若会做工夫者，须从大本上理会将去便好。①

朱熹的这段话包含着丰富的内涵。首先，它明确指出"自上面做下来"是由已知的"大本"推知个别事物，即由一般推知个别；其次，它明确指出由"大本"推出的个别知识是有必然性的"当然之理"；再次，它指出"自上面做下来"比"自下面做上去"更重要，所以"会做工夫者，须从大本上理会将去"。

朱熹不仅提出了"自下面做上去"与"自上面做下来"两种方法，体现了他对归纳推理和演绎推理的本质的一些精彩认识；而且他明确地把这两种方法看作是治学的基本方法，更反映出他对推理认识的深刻。

第十一节　说之谬误

古代名辩家研究了推论的谬误，其中墨家获得的成果最为丰硕。

《墨经》说：

> 夫物有以同而不率遂同。辞之侔也，有所至而正。其

---

① 《朱子语类》卷114。

然也有所以然，其然①也同，其所以然不必同。其取之也
有所②以取之，其取之也同，其所以取之不必同。是故辟、侔、
援、推之辞，行而异，转而危，远而失，流而离本，则不
可不审也，不可常用也。故言多方、殊类、异故，则不可
偏观也。③

夫物或乃是而然，或是而不然④，或不是而然，或一周
而一不周⑤，或一是而一⑥非也。

一曰乃是而然，二曰乃是而不然，三曰迁，四曰强。⑦
《墨经》的上述论述比较系统地揭示了推论谬误的类型及产
生谬误的原因。

一、"行而异，转而危，远而失，流而离本"

这是讲的推论谬误的类型。

"行而异"是辟式推论的一种谬误。"辟"是"举他物而以
明之"，其所以能借他物而明此物，就在于两物是同类。类同是
"有以同"，而"不率遂同"，就是说同类的两物只在有的方面相
同而不是在所有属性方面都相同。然而两物有相同的现象，不

① "其然"两字旧脱，从王引之校增。
② "所"字旧脱，从王引之校增。
③ 《墨经·小取》。
④ "或不是而然"五字旧脱，从胡适校增。
⑤ 两"周"字旧均为"害"，从王引之校改。
⑥ "一"下旧有"不是也，不可常用也，故言多方、殊类、异故，则不可偏观也"二十二字。从王引之校删。
⑦ 《墨经·大取》。

见得有相同的本质，有时人们误把现象当作本质，而把异类当成同类。《墨经》说，辞"以类行"，如果在"以类行"的过程中误入异类就会造成推论的失误。针对"行而异"的错误，古代名辩学家提出"推类而不悖"的原则。

"转而危"是侔式推论的一种谬误。"侔"是"比辞而俱行"。但"辞之侔也，有所至而正"，即只有在一定范围内它才是正确的、有效的。如果超出一定的范围，以为任何命题都可以通过增加或减少一个相同的辞而转换成另一个命题，那么其结论就可能是错误的（"转而危"的危，即诡，不正）。

"远而失"是援式推论的一种谬误。"援"是说"子然，我奚独不可以然也"，即在论辩中引用对方说的话或赞成过的话，来证明自己的正确。正确的援式推论，引用的话必须和你自己的话是真正的同类。然而事物的情况极为复杂，"其然也同，其所以然不必同"。有时仅仅从"然"上看，双方的话是一样的、同类的；若进一步从"所以然"去看，你的主张和所援的主张并不相同，甚至相差很远，因此造成失误。

"流而离本"是推式推论的一种谬误。"推"是"以其所不取之同于其所取者，予之也"。有时你所提出的"其所不取之"与"其所取者"之"同"，只是表面的，而其"所以取之"与其"所以不取之"的原因或根据并不相同，或者其"所以取"之故并不成立。如果离开了事情的本质，只抓住某种表面现象之"同"去反驳对方的论点，就是"流而离本"。

"迁"与"强"是《大取》篇提出的两种谬误。"迁"是偷换概念或偷换论点，"强"是穿凿牵强的推论。

以上是推论谬误的类型。

　　《墨经》对产生推论谬误的原因也做了分析。总体来看，有推理形式本身的局限性，也有语言、物类、因果关系等方面的问题。

二、"有所至而正"

　　"有所至而正"是说推论形式是有条件的、相对的。换言之，每种推论形式都有一定的适用范围，超出它的适用范围，结论就不可靠了。墨家的这个思想主要是针对侔式推论说的，但又不限于侔式推论。《小取》说："夫物或乃是而然，或是而不然，或不是而然，或一周而一不周，或一是而一非也。"意思是说，事物有各种相似又不相同的情况，要注意分辨，否则运用侔式推论就会发生错误。"是而然""不是而然""是而不然"以及"不是而不然"几种情况，我们在介绍侔式推论时已经讲过。这里只讨论"一周而一不周"和"一是而一非"两种情形。

　　1. "一周而一不周"。《墨经》说：

　　　　爱人，待周爱人而后为爱人。不爱人，不待周不爱人。失①周爱，因为不爱人矣。乘马，不②待周乘马然后为乘马也。有乘于马，因为乘马矣。逮至不乘马，待周不乘马而后不乘马③。此一周而一不周者也。④

"周"是周遍。"周"与"不周"是指某种动作施于对象的量的差别。

---

① "失"上旧有"不"字，从沈有鼎校删。
② "不"字旧脱，从王引之校增。
③ "而后不乘马"五字旧重出，从王引之校删。
④ 《墨经·小取》。

上面这段话的意思是说:"爱人",必须爱所有的人才能称为"爱人";而"不爱人",只要不爱一个人就是不爱人。"乘马"则不然,只要乘一匹马就是"乘马";而"不乘马",必须不乘所有的马才能称为"不乘马"。

古代名辩学所说的"周"与传统逻辑里讲的"周延"不同。第一,传统逻辑里的"周延"与"不周延"是指直言命题的主谓项的外延是否被断定了全部,而中国古代名辩学所说的"周"与"不周"是指某种动作施于对象的量的差别,是表现在关系命题中的问题。第二,传统逻辑的周延问题是依据命题形式判定的,而名辩学的"周"与"不周"是根据命题内容判定的。"一周而一不周"的提出,是告诫人们注意:像"爱人"与"不爱人"、"乘马"与"不乘马"这类语言形式相同或近似的命题,某种动作施于对象的量是不同的。具体地说,"爱人"与"不爱人"是一周而一不周,"乘马"与"不乘马"是一不周而一周;"爱人"与"乘马"是一周而一不周,"不爱人"与"不乘马"是一不周而一周。以上几种情况的"周"与"不周",或是依据客观对象的实际情况判定的,或是依据墨家的基本观点判定的。"爱人"必周爱人,不爱一人即是不爱人,这显然是从墨家的"兼爱"主张出发的。如果不懂得这个道理,就可能做出如下推论:比如从"爱人"的"周"推出"不爱人"也"周",或从"爱人"的"周"推出"乘马"也"周",或从"不爱人"的"不周"推出"不乘马"亦"不周",等等。然而,这些推论都是错误的。

2."一是而一非"。《墨经》举出了如下一些实例:

居于国则为居国;有一宅于国,而不为有国。

桃之实,桃也;棘之实,非棘也。

问人之病，问人也；恶人之病，非恶人也。

之马之目眇，则谓"之马眇"；[1] 之马之目大，而不谓"之马大"。

之牛之毛黄，则谓"之牛黄"；之牛之毛众，而不谓"之牛众"。

一马马也，二马马也；马四足者，一马而四足也，非两马而四足也。

一马马也，二马马也[2]；马或白[3]者，二马而或白也，非一马而或白。[4]

《墨经》指出，以上都是"一是而一非"的情形。从上述诸例可以看出，墨家所谓的"一是而一非"是说，如果上述诸例都可以看作是推论的话，那么肯定的前提是正确的，而肯定的结论则是错误的。比如"居于国"可以简化说成"居国"，但"有宅于国"不能简化说成"有国"；桃树的果实叫"桃"，而棘树的果实不叫"棘"（棘树即枣树，其果实叫枣）；"过问人的病"可以说是"问人"，而"讨厌人的病"不是"讨厌人"；某马的眼睛眇可以称为"某马眇"，而某马的眼睛大不能称为"某马大"；一匹马是马，也可以说两匹马是马，但一匹马是四足，却不能说两匹马是四足；等等。

《小取》所举的上述例证，从语句形式上看，分号前后的两个语句或相同或相近；但从内容上看，却是很复杂的。"居于国"

---

① 两"眇"字旧均作"盼"，从顾广圻校改。

② "二马马也"四字旧脱，从胡适校增。

③ "白"字旧作"自"，据郎兆玉本改。

④ 以上诸例均见《墨经·小取》。

一例，"居于"和"有于"含义不同。"桃之实"一例，人们对"桃之实"和"棘之实"的叫法不同，是因为约定俗成。"问人"一例，分号前后概念间关系不同，"问人"与"问人之病"是属种关系；而"恶人"与"恶人之病"是全异关系。"之马"一例，"马眇"的论域是马目，而"马大"的论域是马体。"马或白"例，又是说的特称量项（"或"）的存在条件问题，等等。

《大取》篇又举了一些实例：

> 以臧为其亲也而爱之，爱①其亲也；以臧为其亲也而利之，非利其亲也。

> 以乐为利其子而为其子欲之，爱其子也；以乐为利其子而为其子求之，非利其子也。

> 虑获之利，非虑臧之利也；而爱臧之爱人也，乃爱获之爱人也。

意思是说：误认为臧为其父亲而爱他，这仍是爱父亲的表现；但误认为臧是其父亲，而给他实际好处，那得到好处的就只能是臧而不是父亲了。以为音乐对儿子有利，而为儿子想一想音乐，这仍是爱其子；如果以为音乐对儿子有利而为儿子寻求音乐，那就不是对儿子有利而是有害了（按：墨家主张"非乐"，认为音乐、舞蹈对人有害而无利）。为获的利益打算和为臧的利益打算可以是不一样的，但爱臧和爱获从爱人的角度看则是一样的。前两例继续说明"一是而一非"的不同类型，后一例说明的是"一非而一是"的情形。这些关于不同情形的事例，都是墨家学者精心挑选出来的，具有极为广泛的代表性，说明墨家思维之

---

① "爱"之前旧有"非"字，从孙诒让校删。

深邃、精密。我们在讲侔式推论时介绍的"是而不然"和"不是而然",实际上也是属于"一是而一非"或"一非而一是"的情形。总之,墨家是想告诉人们,遇到相同或相近的句式,不可呆板地、一味地按着固定的推论格式去推,而要仔细分辨它们的"所以然",检查彼此的是非然否关系,否则就会发生推论谬误。所谓对各种论式"不可不审也""不可常用也",也是说的这个道理。

三、"多方、殊类、异故"

《墨经》认为,造成推论谬误的原因,不仅仅是推论形式的"有所至而正",还有更为深刻的原因,即多方、殊类、异故。

"多方",说的是语言的歧义性,包括语词、语句或句群的多义性。语句的多义性固然与语词的多义性有关,但也与语句本身过于简练,往往省略量项、联项等常项有关。有些看起来相同的句式,实际上是不同的命题。稍不注意,混淆了不同的命题就造成了推论的错误。

"殊类",是说事物的同异很复杂。有些似同而实异,似异而实同;有些看起来差异很大,明如黑白,但本质上却是相同的;有些看起来毫无差别却具有不同的本质;更不用说同中有异、异中有同的情形了。人们的认识稍有不慎,就可能发生错误推论。

"异故",是说一因多果、一果多因等复杂情况,也包括大故和小故的分别。正如《墨经·小取》说:"其然也有所以然,其然也同,其所以然不必同。其取之也有所以取之,其取之也同,其所以取之不必同。"

《墨经》有一段专门论述推类困难的话，包括了多方、殊类、异故等各种情况。《墨经》说：

> 推类之难，说在[1]大小、物尽[2]、同名、二与斗……白与视，丽与暴[3]，夫与履。[4]

> 谓四足，兽与？并[5]鸟与？物尽与大小也。此然是必然，则俱为糜：同名。俱斗，不俱二：二与斗也。……白马多白，视马不多视：白与视也。为丽不必丽，为暴必暴[6]：丽与暴也。为非以人，是不为非，若为夫勇，不为夫；为履以买衣为履：夫与履也。[7]

经文肯定了"推类之难"，进而用大量例证具体说明了推类难的原因。《墨经》作者认为，一般说来，同名的东西为同类，如所有有"马"名的动物都属于马类。"同实者莫不同名"，这也是命名的原则之一。但是，类的范围有大有小，同名的东西实际上并非本质相同，有的性质是一类事物的全部都具有，有的性质是一类事物的部分对象具有，因此，以同类相推知，往往会发生错误。

比如，有人从有的四足者是兽，推出一切四足者都是兽（"此

---

[1] "在"后旧有"之"字，从梁启超校删。

[2] "大小"与"物尽"之间旧有"五行毋常胜，说在宜"一条相隔，今据《经说下》"物尽与大小也"，前后合为一条。

[3] "暴"字旧脱，据《经说》增。

[4] 《墨经·经下》。

[5] "并"旧作"生"，从沈有鼎校改。

[6] "必暴"旧作"不必暴"，从沈有鼎校改。

[7] 《墨经·经说下》。

然是必然"），那么并鸟（两鸟并立）也是兽了。极而言之，也可以得出所有的四足者都是麋这样荒谬的结论，因为它们在"四足"这一点上同名。造成这一错误的原因，就是他们混淆了四足、兽、麋这些性质不同或范围大小不同的类。

又比如，"二"与"斗"都含有相对立的两个事物，在这一点上是同类。但是，"甲与乙斗"可以说是"甲与乙俱斗"（即甲与乙都在斗），而由此推不出"甲与乙二"，所以"甲与乙俱二"，因为甲与乙各为一。"斗"是一种关系，"二"是两个一之和，两者性质不同。"白马"一定是马身上绝大部分的毛都是白的，而"视马"只要看一眼马就是"视马"。因为"白"是属性，而"视"是关系。为美而美的人不见得就美，为暴而暴的人一定为暴。被人强迫而做了坏事的人，不一定是坏人；为做鞋子来交换衣服的人一定是做鞋子，等等。

这里，《墨经》实质上是阐述了推类的一条原则，即推类不仅同名，还要考虑到类的大小、物尽与不尽。

四、对"类不可必推"的探索

《吕氏春秋》和《淮南子》两部书的作者都十分注重推理，并把着眼点放到推类所发生的错误方面，由此得出"类可推而不可必推"的重要结论。《吕氏春秋》说：

> 过者之患，不知而自以为知。物多类然而不然，故亡国僇民无已。夫草有莘有藟，独食之则杀人，合而食之则益寿。万堇不杀。漆淖水淖，合两淖则为蹇，湿之则为乾。金柔锡柔，合两柔则为刚，燔之则为淖。或湿或乾，或燔

或淖，类同^①不必可推知也。小方，大方之类也；小马，大马之类也；小智，非大智之类也。^②

　　义，小为之则小有福，大为之则大有福。于祸则不然，小有之不若其亡也。射招者欲其中小也，射兽者欲其中大也。物同^③不必〔安〕可推也。^④

《吕氏春秋》的作者探讨了同类相推造成失误的种种原因。有客观上的原因，即事物的复杂性，造成人们在别同异上发生错误。"万物殊类殊形"^⑤"物多类然而不然"，许多事物看起来很相似，像是同类，实质上差别很大；许多事物看起来很不相同，差之千里，实质上又是同类。有些事物单独存在是一种情况，一旦跟其他事物发生关系就会出现完全相反的变化。莘和藟都是有毒的植物，单独食用会使人中毒身亡，而按一定比例"合而食之"不是毒性更大，反而能使人延年益寿；漆和水都是液体，按一定比例混合起来，则变得坚硬无比；纯铜和纯锡都是质地柔软的金属，按一定比例制成合金青铜，其硬度和强度会大大增强……《吕氏春秋》认为，上述种种都跟事物的常规相反，人们若依一般情况去推论就会发生错误。又比如，按一般的思维方法，可以从

　　　　小方，大方之类也；

　　　　小马，大马之类也；

---

① "同"原为"固"，今改。

② 《吕氏春秋·别类》。

③ "同"原为"固"，今改。

④ 《吕氏春秋·别类》。

⑤ 《吕氏春秋·圜道》。

推出

　　小智，大智之类也。

然而事实上，小智（耍小聪明）非大智（真正的智慧）之类。也就是说，"小 Q 和大 Q 是一类"这种命题形式不是一个普遍有效的命题形式。

　　推类发生错误，也有主观上的原因，即人们认识上的片面性。《别类》篇举例说：

　　相剑者曰："白，所以为坚也；黄，所以为韧也。黄白杂，则坚且韧，良剑也。"难者曰："白，所以为不韧也；黄，所以为不坚也。黄白杂，则不坚且不韧也。又柔则锩，坚则折，剑折且锩，焉得为利剑？"

让我们来分析一下相剑者和难者的推理。

　　相剑者：

　　　　白则坚，黄则韧。

　　　　白且黄，

　　　　所以，坚且韧。

　　难者：

　　　　（1）白则不韧，黄则不坚。

　　　　　　白且黄，

　　　　　　所以，不坚且不韧。

　　　　（2）坚则折，柔（韧）则锩。

　　　　　　坚且柔，

　　　　　　所以，折且锩。

　　相剑者和难者的上述三个推理都是假言联言推理，推理形式是完全正确的。为什么双方针对同一把剑却得出相反的结论呢？原因是双方推理的前提不同，并且都包含着错误。由两种金属按一定比例制成的合金，是一种经过化学变化的复合体，它是一种新的物质，其性质并非原来单一金属性质的简单相加。相剑者和难者各抓住事情的一个方面，都是片面的，因此结论不正确。

《吕氏春秋》评论说："剑之情未革，而或以为良或以为恶，说使之也。"①

从这里可以看出，《吕氏春秋》所强调的正确推类，不完全是从推理形式方面说的，而包括了推理的内容，即包含前提的真实性。这一点从逻辑学来说是不正确的。但他们探讨"类不可必推"的原因却是有意义的，它在一定程度上推动了人们对事物因果联系的认识。《吕氏春秋》说："凡物之然也，必有故，而不知其故，虽当与不知同，其卒必困。"②

《淮南子》继《吕氏春秋》之后，进一步强调"类可推而不可必推"的命题。《淮南子》说："狸头愈鼠，鸡头已瘘，虻散积血，斫木愈龋，此类之推者也。膏之杀鳖，鹊矢中猬，烂灰生蝇，漆见蟹而不干，此类之不推者也。推也不推，若非而是，若是而非，孰能通其微？"③又说："物固有似然而似不然者，故决指而身死，或断臂而顾活，类不可必推。"④

《淮南子》指出，造成"类不可必推"的原因，主要是事物同异关系的复杂性，使人们难以获得正确的认识。"物类之相摩，

---

① 《吕氏春秋·别类》。
② 《吕氏春秋·审己》。
③ 《淮南子·说山训》。
④ 《淮南子·说山训》。

近而异门户者，众而难识也。"[1] 因此，《淮南子》作者提出，要纠正推类的失误，"不可从外论"，而要对事物"审其所由"[2]，从而进一步推动了对事物因果关系的研究。

---

① 《淮南子·人间训》。
② 《淮南子·人间训》。

第五章　辩

从词源考察，"辩"最初并不是一个名辩学范畴。《说文》云："辩，治也。从言在辡之间。""辡，罪人相与讼也。"段注："治者，理也。""辩者，判也。""辡"指罪案双方的辩讼，在"辡"中加一"言"字，表示对罪案的审理、治办。可见，"辩"的本义指古代法律诉讼活动中当事人之间的辩驳，由此引申为对立思想观点之间的争论。战国初期，墨子把"谈辩"列为一项专门工作，也是一项专门的学问。他说："能谈辩者谈辩，能说书者说书，能从事者从事，然后义事成也。"① 战国中期，百家争鸣，思想家们为在争辩中获胜，都注意研究辩的原则和方法，大大丰富了"辩"这个范畴的内涵。《墨经》作者和荀子创立名辩学体系，"辩"遂成为名辩学的一个基本范畴。

---

① 《墨子·耕柱》。

第一节　辩、论、说

在中国古代名辩学中，辩有两个含义：一是指名辩学，古代名辩学也称为"辩学"；二是指辩论或论证。本章是在辩论或论证的意义上讨论"辩"的。在古代文献中，有时"论""说"也指论证。

一、"辩，争彼也"

《墨经》吸收前人的思想成果，对辩做了全面的论述，严格地规定了辩题，深刻地揭示了辩的本质。墨家认为，辩是对一对矛盾判断的争论，是通过论证而辩明哪个为是、哪个为非的思维过程。

　　　　辩，争彼也。辩胜，当也。①

　　　　或谓之牛，或谓之非牛，是争彼②也。是不俱当，不俱当必或不当。不当若③犬。④

"彼"是论辩双方争论的焦点。比如甲、乙二人远远望见一个动物，甲说"那是牛"，乙说"那不是牛"，这就是"争彼"。可见"彼"是一对具有相同主项与谓项的矛盾判断。《经上》说："彼，不

---

① 《墨经·经上》。
② "彼"原为"彼"。《经上》"彼，不两可两不可"，此条首字为"彼"，且"彼"有地点义，与论的焦点义合。又，"彼"字较"彼"字不常用，作为名辩术语更妥。故今改《说》之"彼"为"彼"。
③ "当若"二字旧倒，从胡适校。
④ 《墨经·经说上》。

两^①可两不可也。"即是说,一对矛盾判断,不能两者都正确("不两可""不俱当"),也不能两者都不正确("不两不可"),必然有一个正确,有一个不正确("必或不当")。

《墨经》对辩的认识和规定是批评庄子无辩论的重要成果。庄子反对辩,主张"无辩"。他认为辩是认识的误区。如果发生争辩,也找不到一个评判谁是谁非的标准,那既可以双方都对,也可以双方都不对,因此庄子主张辩无胜,无是非。墨家反驳庄子的观点,鲜明地提出:"辩无胜,必不当。"他们的根本出发点就是把双方争论的题目,严格地规定为一对矛盾判断。墨家说:"所谓非同也,则异也。同则或谓之狗,其或谓之犬也。异则或谓之牛,其或谓之马也。俱无胜,是不辩也。"^②比如甲、乙二人远远望见一个动物,甲说"那是狗",乙说"那是犬"。墨家认为,这不是正确的争辩,因为这两个判断不是矛盾判断,二者可以同真,也可以同假。又如甲、乙二人远远望见一个动物,甲说"那是牛",乙说"那是马"。墨家认为,这也不是正确的争辩,因为两个判断不是矛盾关系,而是反对关系。"那是牛"和"那是马"两个判断不可同真,却可同假,比如远方望见的那个动物是狗。如果甲、乙二人针对的是不同对象,甲说"这

---

① "两"字,从沈有鼎校增。沈氏的校增和下面的注解完全合理,也极为自然。正如他自己所说的:"不增'两'字,不但意义不完备,语气亦生涩。"从语义上说,有人把"不可两不可"译为"不能两者都不正确",这样在同一句话里出现的两个"可"字便具有不同的意思,前者为"可能",后者为"正确"。这对于用词十分严谨的《墨经》来说是说不过去的。从逻辑意义上说,对于矛盾判断仅用"不可能两者都不正确"去定义,则犯了定义过宽的毛病。况且在辩论中,对于矛盾论题不是首先着眼于"不能两者都正确",而只注视"不能两者都不正确",也是说不通的。沈校与《经》《说》的有关文字也十分恰合。

② 《墨经·经说下》。

是牛"，乙说"那不是马"。这两个判断彼此无关联，也不是正确的争辩。所以墨家指出："辩也者，或谓之是，或谓之非，当者胜也。"①

从墨家对辩的题目（对象）的规定和对辩的本质的揭示，可以看出辩的作用是辩是非，即论证真理和驳斥谬误。

《墨经·小取》对论辩的作用有详细的阐述：

> 夫辩者，将以明是非之分，审治乱之纪，明同异之处，察名实之理，处利害，决嫌疑。

"明是非之分"和"明同异之处"是辩的直接功能，就辩的对象方面说是"明同异"，就辩的目的说是"明是非"。"察名实之理"，是明确概念的功能，正确理解名实关系有助于正确认识事物和顺利进行论辩。"处利害"和"决嫌疑"是辩在社会实践中的一般功能。"审治乱之纪"是辩在社会实践中的特殊功能。

二、"不异实名以喻动静之道也"

"不异实名以喻动静之道也"②是荀子对辩说所下的定义。荀子指出，辩说是针对同一对象（"不异实名"）的不同说法以辩明是非（"动静"）的思维活动。荀子这里所说的"辩说"主要指论辩或论证。

从思维活动上看，说和辩是两种不同的形态。荀子说："说不喻然后辩。"③说接近于印度因明的自悟推理活动，辩相当于

---

① 《墨经·经说下》。
② 《荀子·正名》。
③ 《荀子·正名》。

因明的悟他推理论证活动。但从思维形式上看，说和辩没有本质的不同，所以荀子常把二者合起来称为"辩说"或"说辩"。

荀子给辩说（论辩）所下的定义，明确地揭示出了论辩的两个特点：一是辩题必须是关于同一对象的不同观点，二是论辩的目的在于辩明是非曲直。

三、"论说辩然否"

东汉唯物主义思想家王充发扬扬雄等人的批判精神，吸取当时的科学成果，以冷静的理智之光和澎湃的愤懑之情，对谶纬神学和世俗迷误进行了有力的批判。他自觉地运用逻辑论证去辨真伪，"疾虚妄""正真是"，发展了论证理论。他指出：

> 讼必有曲直，论必有是非。非而曲者为负，是而直者为胜。[1]

王充肯定论说是辩论一个论断真伪的思维过程。"论说辩然否"[2]，论必有是非，辩必有胜负。一个论断，当它是真实的（"是"），并且论说的方式是正确的（"直"）时，才能被确立（"胜"）。王充的这个说法与传统逻辑中关于"证明"的定义是很接近的。

四、"分别事类而明处"

东汉后期思想家王符指出："人之所以为人者，非以此八尺

---

① 《论衡·物势》。
② 《论衡·自纪》。

之身也，乃以其有精神也。"① 人既有精神、有思想，就会"疑则思问"，就不免于论辩。他明确地提出，论辩的目的是"明真"②。

东汉末思想家徐幹写《核辩》篇，对辩做了较为详细的分析。他指出："辩之为言别也，为其善分别事类而明处之也。"③ 认为辩的实质就是分析，就是正确地分别事物的不同类别而对争论做出明确的处断。这是从一个新的角度对辩所下的定义。他之所以如此强调"别类"在辩中的意义，是因为他认为"夫类族辩物之士者寡，而愚暗不达之人者多"④，致使每每由于不知别类而造成论辩的错误。

五、"正白黑以广论，释微妙而通之"

三国魏法律家兼人物学家刘劭对"辩"有深入的研究。他提出："论辩理绎，能在释结。"⑤ 即论辩的目的在于解开双方争论的症结，消除意见分歧，而达到理通。他把为求理通而辩称为"理胜之辩"。他对理胜之辩的界说精彩地表达了论证的真谛。他说：

> 理胜者，正白黑以广论，释微妙而通之。⑥

这里包含三层意思：第一，"正白黑"是说论辩的目的是辨别是非（"白黑"），驳斥谬误而求得真理；第二，"以广论"是运用推理，

① 《潜夫论·卜列》。
② 《潜夫论·叙录》。
③ 《中论·核辩》。
④ 《中论·核辩》。
⑤ 《人物志·体别》。
⑥ 《人物志·材理》。

举一反三；第三，"释微妙而通之"，是通幽阐微释疑，消除双方分歧而取得一致的认识。

刘劭对论辩的界说，达到了很高的水平。

六、"弥纶群言，而研精一理"

南朝齐梁时代最卓越的文学理论家刘勰对中国古代名辩学和印度古因明都有所研究。他的《文心雕龙·论说》篇，是阐述论说文体性质、特点及写作原则和方法的专篇，其中对"论"的阐述同名辩学的论证有颇多相通之处。刘勰说：

> 论者，伦也。[①]

> 论也者，弥纶群言，而研精一理者也。[②]

就是说，"论"是一种有条理的思想活动。它是在对某一问题的各种观点进行全面深入的思索之后，提出自己的见解，并对自己的见解进行精细的论述的思维过程。"弥纶群言"和"研精一理"是紧密相连的。

"弥纶群言"是"研精一理"的前提和基础，只有对诸多不同观点进行深入细致的研究，才能把某一问题搞深搞透。刘勰的"弥纶群言"与《墨经》的"论求群言"是一致的。

刘勰进一步指出："原夫论之为体，所以辩证然否……乃百虑之筌蹄，万事之权衡也。"[③] 这就把"论"之辩明是非然否的性质以及作为思维的工具和衡量各种事理标准的功能揭示出来了。

---

① 《文心雕龙·论说》。

② 《文心雕龙·论说》。

③ 《文心雕龙·论说》。

第二节　理辩与辞辩

古代名辩学把论辩看作是探求真理、分辨是非的工具，因此在论辩过程中必须遵守论辩的规则，反对单纯为了求胜、违反论辩规则的诡辩。

一、圣人之辩、君子之辩和小人之辩

荀子把辩分为圣人之辩、君子之辩和小人之辩三种。

所谓圣人之辩，具有三个特点：其一，圣人的辩说"不先虑，不早谋，发之而当，成文而类，居错迁徙，应变无穷"①。就是说，圣人有高超而纯熟的论辩技巧，论辩时能够自然合乎论辩规则。其二，圣人之辩完全合乎礼仪的要求，"有兼听之明，而无奋矜之容；有兼覆之厚，而无伐德之色"②。其三，圣人之辩是为了真理和国家，其学说如果被采纳，则天下治；如果不被采纳也不计较，"说不行则白道而冥穷"③。

所谓君子之辩，也有三个特点：其一，需要经过"先虑之，早谋之"，方能做到"正其名，当其辞"④，精细中肯，先后一致，"言而足听，文而致实"⑤。其二，有"辞让"之德，顺"长少之理"，"以仁心说，以学心听，以公心辩"，"贵公正而贱鄙争"⑥。其三，

---

① 《荀子·非相》。
② 《荀子·正名》。
③ 《荀子·正名》。
④ 《荀子·正名》。
⑤ 《荀子·非相》。
⑥ 《荀子·正名》。

"不动乎众人之非誉，不治观者之耳目，不赂贵者之权势，不利便①辟者之辞，故能处道而不贰"②。就是说，自信真理在手，不为众人毁誉和外力胁迫而改变自己的主张。

所谓小人之辩，也有三个特点：其一，"诱其名，眩其辞"③，"辩而无统"④，完全不合乎名辩学的要求。其二，不讲道德，自以为是，轻浮、粗鲁、欺诈。其三，为追求好名声而辩，结果是"上不足以顺明王，下不足以齐百姓"⑤，劳而无功，贪而无名。

荀子肯定的是圣人之辩和君子之辩，他们的共同点是为真理而辩，论辩符合名辩学的要求。荀子反对"小人之辩"，因为"小人之辩"不是为真理，而是求好名声，他们的论辩不符合名辩学的要求。从本质上看，荀子对辩的分类，已经包含了理辩和辞辩两种不同类型。

二、心辩与口辩

东汉王充把辩分为"心辩"和"口辩"两种。所谓"心辩"，是说一切思想表述皆"以辞正得之"⑥，做到"言得道理之心"⑦，

---

① "便"原误为"传"，今改。
② 《荀子·正名》。
③ 《荀子·正名》。
④ 《荀子·非相》。
⑤ 《荀子·正名》。
⑥ 《论衡·死伪》。
⑦ 《论衡·定贤》。

"细说微论，解释世俗之疑，辩照是非之理"①。所谓"口辩"，是说辩者"知未必多""才未必高"，"然则笔敏"；不是为定是非、辩然否而辩，只是为了争胜，结果是"辞好而无成"②。王充提出"欲心辩，不欲口辩"。

三、君子之辩与俗士之辩

徐幹把辩分为君子之辩和俗士之辩。他说："俗之所谓辩者，利口者也。彼利口者，苟美其声气，繁其辞令，如激风之至，如暴雨之集；不论是非之性，不识曲直之理，期于不穷，务于必胜……君子之辩也，欲以明大道之中也，是岂取一坐之胜哉！"③简言之，徐幹指出：君子之辩是为求是非之理的，"善分别事类而明处"，不以言辞盛气凌人（"非谓言辞切给而以陵盖人也"）；俗士之辩则完全是为求胜，"美其声气，繁其辞令"，而不顾是非曲直。

徐幹继承了前人提倡理辩、反对辞辩的优良传统。

四、理辩与辞辩

三国魏思想家刘劭把辩分为理辩和辞辩。他说：

夫辩，有理胜，有辞胜。理胜者，正白黑以广论，释

---

① 《论衡·对作》。

② 《论衡·定贤》。

③ 《中论·核辩》。

微妙而通之。辞胜者，破正理以求异，求异则正失矣。①

理胜之辩是为了分辨是非，消除分歧，取得共识。辞胜之辩则是以求异求胜为目的，其结果是破坏正理，宣扬谬误。应该说，刘劭对两种论辩的区分可谓言简而意赅。

第三节 "正是"与"疾妄"

古代名辩学把论辩（论证）分为证明和反驳两大类。

一、"以类取""以类予"

《墨经》提出"以类取"和"以类予"。"以类取"是证明，"以类予"是反驳。"取"是自己主张的或同意的观点，"予"是自己所不同意的观点和主张。例如《小取》说"推也者，以其所不取之同于其所取者，予之也"；"其所取者"就是其所同意者，"其所不取之"即其所不同意者；"予之"，是给予对方，其目的是反驳对方。在《说》章所介绍的诸种推论方法中，"辟""侔""援"主要用于证明，也可以用于反驳，"推""止"则主要用于反驳。

---

① 《人物志·材理》。

二、"正真是""疾虚妄"

王充提出"正真是"(简称"正是")和"疾虚妄"(简称"疾妄")。"正真是"即证明真理,"疾虚妄"即驳斥谬误。王充说:"如正是之言出,堂之人皆有正是之知。"[①]就是说,只要把经过证明了的正确言论说出来,人们就可以有正是之知。《论衡》书中随处可见"如实论之""得其正""正是"等说法,以此表示所说的事情或论据是真实的,论题是正确的。王充说:"正是审明,则言不须繁,事不须多。故曰言不务多,务审所谓;行不务远,务审所由。"[②]可见,"正是审明"是指"决错谬""定纷乱"所应坚持的"用明察非""用理诠疑"的证明方法。王充又说:《论衡》篇以十数,亦一言也,曰:'疾虚妄。'"[③]《论衡》全书的主要内容就是对种种谬误的反驳,其中尤以"九虚"(《书虚》至《道虚》九篇)、"三增"(《语增》《儒增》《艺增》)、《论死》、《订鬼》、《问孔》、《刺孟》等篇更为集中。书中"此虚言之""此言妄也""虚妄言也"等语比比皆是,以此说明敌论的荒谬或其论据的虚假。

一个论点,要么是正确的,要么是错误的。正确的论点要靠证明去确立,错误的论点要靠反驳予以推翻。王充把论证分为证明和反驳是完全正确的。

---

① 《论衡·定贤》。
② 《论衡·定贤》。
③ 《论衡·佚文》。

第四节 "八材"

刘劭指出，论辩者应该具备一定的思维素养，否则就会"达偏"，发生谬误。他提出"八美"，又称为"八材"：

> 聪能听序，思能造端，明能见机，辞能辩意，捷能摄失，守能待攻，攻能夺守，夺能易予。[①]

"聪能听序"是制名和用名的能力，故称为"名物之材"。"思能造端"是分析和综合的能力，善于抓住事情的本质，故称为"构架之材"。"明能见机"是判断的能力，故称为"达识之材"。"辞能辩意"是语言表达能力，能恰当地运用语言准确地表达一定的思想，故称为"赡给之材"。"捷能摄失"，是指思考问题全面，能正确地权衡胜（"捷"）败得失，故称为"权捷之材"。"守能待攻"，是指立论谨严，别人驳不倒，故称为"持论之材"。"攻能夺守"，是善于反驳，能抓住对方的失误而推倒对方的防御"工事"，故称为"推彻之材"。"夺能易予"可能说的是具有"以子之矛攻子之盾"的反驳能力，或者是统指有高超的论辩技巧，当你攻破对方的立论之后，自己拿过这个立论来却使别人驳不倒[②]，故称为"贸说之材"。

---

① 《人物志·材理》。
② 《世说新语·文学》篇有这样一段记载："许掾年少时，人以比之王苟子（修）。许大不平。时诸人及支法师并在会稽西寺讲，王亦在焉。许意甚忿，便往西寺与王论理，共决优劣。苦相折挫，王遂大屈。许复执王理，王执许理，更相复疏，王复屈。许谓支法师曰：'弟子向语何似？'支从容曰：'君语佳则佳矣，何至相苦邪！岂是求理中之谈哉！'"这里是说，王、许论辩，第一次许胜了。后来，许把自己的"胜理"给王，而把王的"输理"拿过来给自己，再辩，许又胜了。这说明许有很高的论辩技巧。刘劭说的"夺能易予"，可能指的是这种情况。

上述"八材"都与思维能力有关，有的就是直接讲名辩学的名、辞、说、辩。刘劭说："兼此八者，然后乃能通天下之理。通天下理，则能通人矣。"[1] 这说明，他把通晓名辩学等当作论辩者必须具备的素养，也是人们认识社会、认识人与人之间关系的基础。在中国历史上，刘劭第一次提出了这个问题，他提出的八项能力要求基本上是合理的。可惜的是，《人物志》没有对"八材"做出具体阐释，致使后人对"八材"某些内容的了解只能停留在猜测之上。

第五节 "五诺"

人们进行论辩时，离不开回答问题。《墨经》总结出五种回答问题的方式，即"五诺"：

> 诺，不一利用。[2]

> 相从，相合，[3] 无知，是，可，五也。[4]

就是说，要求回答的问题情况不同，回答问题的方式也要不同。"诺"有不同的用法。在论辩过程中，放弃了自己的意见而同意了对方的意见，是"相从"之诺。如果论辩双方的观点完全一致，可用"相合"之诺表示。如果对对方的观点既不能肯定也不能否定，这是"无知"之诺。如对对方的观点加以肯定，就用"是"

---

① 《人物志，材理》。
② 《墨经·经上》。
③ "相合"原为"相去"，从孙诒让、高亨校改。
④ 《墨经·经说上》。"五也"原为"五色"，从孙诒让、高亨校改。

之诺。如果表示对方所说的可行，用"可"之诺。

　　《墨经》的"五诺"，在今天看来并不见得都准确。这可能是"五诺"本身有问题，也可能因为保留下来的文字过于简略，后人在理解上发生了问题。不管怎么说，《墨经》作者在两千多年前试图总结人们在论辩中各种不同的回答问题的方式，则是有意义的，是值得称赞的。

第六节　"三物"

　　论辩是为了明是非，表现在论证中，就是确立一个论题或者驳倒一个论题。

　　后期墨家指出，要确立一个论题，应该具备故、理、类三个条件，也就是所谓的立辞"三物"。《墨经》说：

　　　　三物必具，然后辞足以生。夫辞以故生，以理长，以类行者也。立辞而不明于其故所生，妄也。今人非道无所行，虽有强股肱而不明于道，其困也可立而待也。夫辞以类行者也，立辞而不明于其类，则必困矣。[1]

　　下面分别来讨论明故、明理、明类与立辞的关系。

―――――――――

[1]　《墨经·大取》。

一、"辞以故生"

什么是"故"？《墨经》说："故，所得而后成也。"① 从客观事物来说，任何事物的产生都是有原因的。一定的原因产生一定的结果，这原因就是该结果的"故"。换句话说，"故"是一定的事物赖以存在的根据。从主观逻辑来说，人们下一个正确的论断总是要有根据的，这根据也就是"故"。"故"是推理结论的前提，也是成立论题的论据或理由。不论是客观事物的"故"，还是推理论证的"故"，都是"所得而后成"。

前面介绍过，后期墨家把逻辑的"故"区分为"大故"和"小故"。"大故"是"有之必然"。如果一个论证的理由和论题之间具有"大故"的联系，也就是论据蕴涵论题，那么只要论据（理由）是真实可靠的，论题就一定是真理，而绝不会是谬误。

相反，如果立辞"不明于其故所生"，也就是说，立论没有根据，或揭示不出其根据来，那么，所立的论断，就很可能是虚假（"妄"）的。

中国古代名辩家普遍强调立论有故。不仅要"有故"，还要求"辩则尽故"②。"辩则尽故"是正确论证必须遵守的基本原则，或称论证的充足理由原则。

古代名辩学的"辩则尽故"原则，已经成为中华民族传统文化的组成部分，一直流传下来。在今天，当我们评论一篇论文优劣时，是否"持之有故"仍是一个十分重要的标准。

---

① 《墨经·经上》。
② 《荀子·正名》。

二、"辞以理长"

什么是"理"？《墨经》没有明确的定义。在前面引过的那段话中，只是说"今人非道无所行，虽有强股肱而不明于道，其困也可立而待也"。这个"道"，不是规律或本质的范围，而是道路。《墨经》的意思是说，人虽有强劲的四肢而不知道该走什么道路，就无法达到预定的目的地。"理"就像道路、途径，人们立辞而不明于"理"，或者说悖于理，其"困"则即刻可见。从这段话看，"理"是立辞的途径，引申为推论的方式。每一种推论方式（如辟、侔、援、推、止等）都有自己的推论规则（我们在《说》章曾有所阐述）。所谓"辞以理长"，就是说，立辞要运用一定的论式，要遵守相应的推论规则。

《吕氏春秋》提出辩"必中理"的要求："凡君子之说也，非苟辩也；士之仪也，非苟语也。必中理然后说，必当义然后议。"[1]"辩而不当理则伪，知而不当理则诈。"[2]中理，是《吕氏春秋》给辩立的标准和法则。中理也叫中法。"时辩说，以论道，不苟辩，必中法。"[3]《吕氏春秋》所说的理，也含有遵守推论规则的意思。今天，人们在评论一篇论文或一篇讲话时，常常说"持之有故，言之成理"。"言之成理"，通俗地说，即前言后语不是杂乱无章，而是井然有序，体现出一定的逻辑联系。可见，这"言之成理"的"理"，与墨家的"辞以理长"的"理"是同义的。因此，我们可以说，"辞以理长"也就是今天说的"言之成理"。

---

① 《吕氏春秋·怀宠》。

② 《吕氏春秋·离谓》。

③ 《吕氏春秋·尊师》。

三、"辞以类行"

"类"的范畴是古代名辩学的基础，当然也是立辞的基础。《墨经》说："立辞而不明于其类，则必困矣。"其主要意思是，论题（辞）和论据（理由）必须是同类，即符合同类相推的原则。徐幹是很重视辨类的，他甚至把"别类"看作是辩的本质。关于"类"的范畴，我们在《说》章已经做了比较详细的阐述，这里不再重复了。

综上，"辞以故生"，即"持之有故"；"辞以理长"，即"言之有理"；"辞以类行"，即同类相推。后期墨家把此三者看作是确立论题必须遵循的三个基本原则。

第七节　论"矛盾"

一、"矛盾之说"

韩非最早提出"矛盾之说"。他在《韩非子·难一》篇里讲了一个为今人所熟知的故事：

> 楚人有鬻盾与矛者，誉之曰："吾盾之坚，莫能陷也。"又誉其矛曰："吾矛之利，于物无不陷也。"或曰："以子之矛陷子之盾，何如？"其人弗能应也。

韩非评论说：

> 夫不可陷之盾与无不陷之矛，不可同世而立。

在《难势》篇，他重复引述了上面的故事，并且再次评论说：

"以为不可陷之盾与无不陷之矛，为名不可两立也。"

韩非两次明确地把他的上述思想称为"矛盾之说"。

概括地说，"矛盾之说"的基本含义可以一言以蔽之，叫作"不相容之事，不两立也"①。如果一个人同时肯定"不相容之事"，就是"矛盾之说"。"矛盾之说"，自相矛盾之谓也。韩非所说的"不可陷之盾"与"无不陷之矛"逻辑上是反对关系。有"不可陷之盾"，就一定不会有"无不陷之矛"；有"无不陷之矛"，就一定不会有"不可陷之盾"；二者"不可同世（时）而立"。但是，从无"不可陷之盾"不能必然推出有"无不陷之矛"，从无"无不陷之矛"也不能必然推出有"不可陷之盾"。从韩非所引述的故事看，那个卖盾和矛的楚人是个吹牛扯谎的家伙，不仅"不可陷之盾"与"无不陷之矛"不能同时存在，而且在他那里，完全可能既没有"不可陷之盾"，也没有"无不陷之矛"。也就是说，他的矛不是最利的，他的盾也不是最坚的，即楚人的两句话都是假的。因此，"不可陷之盾"与"无不陷之矛"是具有反对关系的关系命题。

令 R 代表关系"陷"，a 代表"矛"，b 代表"盾"。"无不陷之矛"可表示为：

$$\forall xR(a, x)$$

读作：对一切 x 而言，a 陷 x。"不可陷之盾"可表示为：

$$\forall x\neg(x, b)$$

读作：对一切 x 而言，x 不陷 b。

韩非明确指出，$\forall xR(a, x)$ 与 $\forall x\neg R(x, b)$ 不可同真，

① 《韩非子·五蠹》。

即¬（∀xR（a, x）∧∀x¬R（x, b））。这就是韩非的矛盾之说。

根据全称量词消去律，从∀xR（a, x）与∀x¬（x, b）可以推出：

R（a, b），¬R（a, b）

这是一对具有矛盾关系的关系命题，即"吾矛陷吾盾"和"吾矛不陷吾盾"。

韩非有可能懂得这种推论关系，所以，他在揭露楚人的自相矛盾时能够说："或曰：'以子之矛陷子之盾，何如？'其人弗能应也。"

《韩非子》中说到的"不相容"者，绝大多数是具有反对关系的命题。比如他说："夫贤之为〔道也〕不可禁，而势之为道也无不禁，以不可禁之〔贤，处无不禁之〕势，此矛盾之说也；夫贤势之不相容亦明矣。"[①]"不可禁之贤"与"无不禁之势"，同"不可陷之盾"与"无不陷之矛"一样，也是反对关系。韩非所指明的也只是"贤势之不相容"，即"不两立"而已。

韩非所说的"不相容"，也包括具有矛盾关系的两个判断。比如，《五蠹》篇引了"司寇行刑，君为之不举乐；闻死刑之报，君为之流涕"的历史故事，接着韩非评论说："夫以法行刑而君为之流涕，此以效仁，非以为治也。夫垂泣不欲刑者仁也，然而不可不刑者法也，先王胜其法而不听其泣，则仁之不可以为治亦明矣。"仁之"不欲刑"与法之"不可不刑"也是两个不同主词的判断，但二者的关系与前面两例不同。肯定"不欲刑"（即"不刑"），就要否定"不可不刑"（即"刑"）；肯定"不可不刑"，

---

① 《韩非子·难势》。方括号内的字依陈奇猷校补。

就要否定"不欲刑"。反之亦然。否定"不欲刑",就要肯定"不可不刑";否定"不可不刑",就要肯定"不欲刑"。二者不能并存,也不能共亡。可见仁之"不欲刑"与法之"不可不刑"这两个判断是矛盾关系。以上是笔者对"不欲刑"和"不可不刑"的实际关系所做的分析,并非韩非本人的分析。韩非只是指出"不欲刑"之仁与"不可不刑"之法不相容,而没有指出(大概也没有想到)仁之"不欲刑"与法之"不可不刑"作为两个判断也是不能同假的。

由此可见,韩非的"矛盾之说",主要说的是具有反对关系的两个判断不能同时成立,肯定其一,就要否定其二;如果同时肯定两个反对判断,就会陷入自相矛盾。

韩非的"矛盾之说"十分巧妙地表述了逻辑学不矛盾律的精神实质,并且把不矛盾律应用到了关系命题中去。它的主旨是揭露论证中的自相矛盾的问题。他最早使用了"矛盾"这一形象而精当的语词。后来,逻辑学不矛盾律译名中的"矛盾"以及哲学中的"矛盾"一词都是出自韩非这里。韩非所讲的矛与盾的故事至今仍在广大人民中流传。这些不能不说是韩非对中国古代名辩学和中国文化的一个宝贵贡献。

在韩非之前,《墨经》的作者在规定辩论的对象时,曾提出"攸,不两可两不可也",即一对矛盾命题既不能两者都正确("不两可"),也不能说两者都不正确("不两不可")。"不两可两不可"不仅表述了不矛盾律,也表达了排中律思想。

二、"类不可两"

荀子也提出了不矛盾律思想。他说：

　　类不可两也，故知者择一而壹焉。①

"不可两"即"不两可"，也就是说是非不能两是。因此，懂得名辩学的聪明人必然要在正反两种不同的说法中"择一"而专心去做。

不论是违反不矛盾律，还是违反排中律，换句话说，对于一对矛盾判断不论是"两可"，还是"两不可"，都是思想陷入矛盾的表现，因此是任何正确的论证所不允许的。

三、"相违"与"相伐"

王充在批驳谶纬神学和世俗谬误时，经常着力寻找和揭露其自相矛盾处。他说，圣贤之经传"上下多相违""前后多相伐""不能皆是"②。比如，他援引孔子的两次谈话，一次是子贡问政，孔子回答说："自古皆有死，民无信不立。"③意思是说，信比生命还重要。另一次是孔子到卫国去，教诲冉求说，对庶民要"先富而后教"④。王充指出，孔子对"二子殊教，所尚不同"，前后相违，不能都是正确的。

---

① 《荀子·解蔽》。
② 《论衡·问孔》。
③ 《论衡·问孔》。
④ 《论衡·问孔》。

四、"矛盾无俱立之势"

三国魏思想家嵇康，也强调在论辩中不能自相矛盾。他说：

矛盾无俱立之势，非辩言所能两济也。[1]

欲弥缝两端……谓其中央可得而居，恐辞辩虽巧，难可俱通。[2]

就是说，矛盾命题不能"俱立"，也绝不是靠巧辩就能够"两济"的。同时，在矛盾命题面前，想"弥缝两端"而居于中，也是"难可俱通"的。嵇康经常运用不矛盾律和排中律去揭露论敌的自相矛盾处。比如，有人主张"寿夭不可求"，又说"善求寿强者，必先知夭疾之所自来，然后可防也"。嵇康指问论敌："寿夭果可求邪？不可求邪？"此"亦雅论之矛戟矣"。[3]

东晋名理派孙盛曾用"矛盾之说"去反驳老子《道德经》中的自相矛盾处[4]。唐朝刘禹锡、柳宗元的论辩著作中，也都可以见到对"矛盾之说"的运用。

综上，古代名辩家已经总结出不矛盾律和排中律，并且透彻地认识到，遵守不矛盾律和排中律，避免自相矛盾是正确论辩的一条重要原则。

---

① 《答释难宅无吉凶摄生论》。
② 《答释难宅无吉凶摄生论》。
③ 《难宅无吉凶摄生论》。
④ 见《广弘集》卷5。

第八节 辩的具体要求

古代名辩家对正确的论辩提出了一些具体要求。

一、"说而不难，莫知其由"

刘劭指出，论辩必须观点鲜明，针锋相对，进行思想交锋。他说："若说而不难，各陈所见，则莫知其由矣。"^①意思是说，如果在论辩中双方思想不交锋，各自陈述自己的见解和主张，那么人们就不知道他们为什么要辩。他尖锐地揭露，有的人"避难不应，似若有余，而实不知"^②。回避诘难者，好像真理在手、坚定不移，但实际上是用此掩盖自己的无知。刘劭又说，有的人在论辩中表现为"实求两解"，即说这一论题也对，那一论题也对，"似理不可屈"，实际上恰恰是理屈词穷的表现^③。他强调诘难，甚至认为即便在方法、态度上有些不妥当的地方，只要坚持"论难"，就会"犹有所得"^④。

刘劭关于"诘难"的思想，对于论辩确实是重要的。

王充也提出过类似的思想。他说："两刃相割，利钝乃知；二论相订，是非乃见。"^⑤意思是说，论辩中的两种观点必须针锋相对，互相否定，只有这样才能"见是非"；否则就会"是

---

① 《人物志·材理》。
② 《人物志·材理》。
③ 《人物志·材理》。
④ 《人物志·材理》。
⑤ 《论衡·案书》。

非不决"，达不到反驳的目的。

二、"通意后对"

《墨经》指出，在论辩中，必须首先弄清对方论题的意思，然后才能作答。

> 通意后对，说在不知其谁谓也。^①

> 问者曰："子知骊乎？"应之曰："骊何谓也？"彼曰："骊施。"则智之。若不问骊何谓，径应以弗智，则过。^②

意思是说，甲问乙"知道骊吗"，乙不知道"骊"指的是什么，便反问"骊何谓"，答曰"骊"就是"骊施"，于是乙答知道"骊施"。《墨经》指出，若不先反问一下"骊"是指什么，而径直回答不知骊，那就错了。

王充举了另外一个例子：孟子见梁惠王。王曰："叟，不远千里而来，将何以利吾国？"孟子曰："仁义而已，何必曰利。"^③王充批评说：孟子对梁惠王提出的问题还没有弄清楚就作了回答，是不合理的。"利"本来有两种含义：一是货财之利，二是吉安之利。惠王所讲的"利"到底是前者还是后者，孟子没有问，怎么就知道惠王一定是说的财货之利呢？因此孟子对惠王"径难货财之利"是不对的。王充进一步指出，遇到这种情况，正确的做法是，先问清"利"的含义再有针对性地作答，否则便

---

① 《墨经·经下》。

② 《墨经·经说下》。

③ 《论衡·刺孟》。

会"失对上之指，违道理之实"①。通俗地说，"失对上之指"也就是"失之所对"，偷换了论题。

刘劭从辩难角度指出，如果发生了偷换论题的情况，要及时引回来。他说："盛难之时，其误难迫。故善难者，征之使还。"意思是说，在论辩非常激烈的时候，有时对方发现自己的论点难以坚持，便避开论题去谈论别的问题。善于辩难的人，应及时发现转移论题的现象，并把对方引导到原来的论题上来。否则，尽管双方辩论得很激烈，但问题仍得不到解决，"凌而激之，虽欲顾藉，其势无由"②。

三、"贵有效验"

古代名辩家大多主张立论要有效验。效验是立论的根据，主要指事实的验证。墨子的"三表说"提出立言要"原察百姓耳目之实""发以为刑政，观其中国家百姓人民之利"，就是一种效验的观点。

荀子提出，"凡论者，贵其有辨合，有符验"，即立论（或理论）要得到实际的验证。谈论古代的道理一定要在现今的事实上得到验证，谈论天道者一定要从人事上得到验证。只有这样，才能够"坐而言之，起而可设，张而可施行"③，达到知与行、名与实的统一。

韩非提出"参伍之验"说。"参伍之验"简称"参验"，也

①《论衡·刺孟》。
②《人物志·材理》。
③《荀子·性恶》。

是用事实来验证某些言辞。他说:"偶参伍之验,以责陈言之实。"①"循名实而定是非,因参验而审言辞。"②韩非所说的"参验",范围极为广泛,要求也很高。他说:"参伍之道:行参以谋多,揆伍以责失……言会众端,必揆之以地,谋之以天,验之以物,参之以人。四征皆符,乃可以观矣。"③韩非强调从多方面、多角度取得验证,这样就可以避免失误。他认为无法取得验证的言辞是靠不住的。如果有人相信无验证的言辞,那么他肯定不是个聪明人,"无参验而必者,愚也"④。

韩非是法家,他强调说话、做事都要以事实为根据,反对无事实根据的空谈妄说。他从正反两个方面论述了"参验"的重要性,说明了参验的内容和方法,为古代效验理论增添了新的内容。

东汉扬雄是位求实的思想家。他批判虚妄和迷信,而强调验证。他说:

> 君子之言,幽必有验乎明,远必有验乎近,大必有验乎小,微必有验乎著。无验而言之谓妄。⑤

扬雄驳斥神怪之说时指出,"神怪茫茫,若存若亡",不仅没有验证,也根本无法验证,因此是欺人之谈。扬雄提出的验证方法是:以明验幽,以近验远,以小验大,以著验微。总之是用人们容易看得见的、把握得住的,去验证那些看不见或不易把

---

① 《韩非子·备内》。
② 《韩非子·奸劫弑臣》。
③ 《韩非子·八经》。
④ 《韩非子·显学》。
⑤ 《法言·问神》。

握的事情和道理。

王充继承了扬雄的验证思想，并发扬光大，提出了"引证定论"的主张。他说：

> 论则考之以心，效之以事。浮虚之事，辄立证验。①

> 事莫明于有效，论莫定于有证。空言虚语，虽得道心，人犹不信。②

> 凡论事者，违实不引效验，则虽甘义繁说，众不见信。③

就是说，一个论断的确立一定要有根有据，并且从确凿的根据中能够合乎逻辑地推出论题。王充有时说"效"或"效验"，有时说"证"或"证验"。当"效验"与"证验"（或"验证"）对举时（如"事有证验，以效实然"④），"效验"主要指立论的根据或论据，"证验"主要指证明。一个论题不仅要有论据（"效验"），而且能从论据推出论题来，即得到"证验"才能显示出论题的真实性（"实然"）。反之，即便论题是真的，也讲得头头是道，由于没有提出效验，人们仍不予相信。

王充的上述思想，概括了论证的主要要求。他把这些要求贯彻到《论衡》全书之中，每提出一个论断，总是接着就问："何以效之？""何以验之？"……然后一条一条列举根据，进行论证，表现出一种严肃地求实求真的精神。

继王充之后，徐干专门写了《贵验》篇，提出"事莫贵乎有验，言莫弃于无征"，简单明快地申明了有验之事可信，无征之言当

---

① 《论衡·对作》。
② 《论衡·薄葬》。
③ 《论衡·知实》。
④ 《论衡·知实》。

弃的原则。

　　杰出的数学家刘徽指出，数学上有许多问题单凭直观或简单的计算，其正确性是靠不住的，只有找到可靠的论据，进行严格的证明，其结论才是可信的。否则，"不有明据,辩之斯难"①。刘徽从数学问题上提出了论证的要求。

　　南宋的陈亮、叶适在反对唯心主义理学的斗争中，也十分强调理论必须根据事实加以检验。"言必责其实"②，"无验于事者,其言不合"③。他们批评理学的空洞说教是"相欺相蒙"，没有任何事实根据，也经不起事实的检验。

　　明代李贽反对在社会问题上以孔子的是非为是非标准的世俗偏见，提出凡事"从百姓日用处提撕一番，才能识得是非真伪的本来面目"，才能"有实证实得处"。④所谓"从百姓日用处提撕一番"，也就是去实际中找验证。

　　以上，我们列举了中国古代历史上一些思想家、名辩家关于效验的论述。从这些论述中可以看出，古代思想家普遍认为，立论要有根据，立论的根据可以是古圣人的言论，可以是事物的规律即自然之理，但更重要的是事实。这与古人重经验有关。我们也看到，有些思想家、名辩家已经认识到合乎逻辑的推理对确立论题的重要意义，王充和刘徽是其代表。更值得重视的是，围绕着对效验问题的探讨，关于论证的一些主要要求都提了出来。

---

① 刘徽：《九章算术注》。
② 《陈亮集·论开诚之道》。
③ 《叶适集·进卷·总义》。
④ 《焚书》。

四、"当先求自然之理"

嵇康指出，论辩的目的在于探求事物的自然之理。同时，事物的自然之理又是立论的根本依据。他说：

> 夫推类辩物，当先求之自然之理。理已足，然后借古义以明之耳。今未得之于心，而多恃前言以为谈证，自此以往，恐巧历不能纪耳。[①]

嵇康认为，古圣人之言，可以作为立论的根据，但是相对于事物的自然之理来说，它只是第二位的，而后者是第一位的。因此论辩时，应当先依据事物的自然之理，"理已足"，再援引古圣人之言以为旁证。如果单纯凭古人之言以为谈证，那么就是本末倒置，其结果必然远离实际，违背历史。

五、"秦赵相让"的启示

《吕氏春秋》讲了下面一个故事：

> 空雄之遇，秦赵相与约。约曰："自今以来，秦之所欲为，赵助之；赵之所欲为，秦助之。"居无几何，秦兴兵攻魏，赵欲救之。秦王不悦，使人让赵王曰："约曰：'秦之所欲为，赵助之；赵之所欲为，秦助之。'今秦欲攻魏，而赵因欲救之，此非约也。"赵王以告平原君。平原君以告公孙龙。公孙龙曰："亦可以发使而让秦王曰：'赵欲救之，今秦王独不助赵，

---

① 《声无哀乐论》。

此非约也。'"①

《吕氏春秋》的作者认为公孙龙是诡辩，"淫辞"也。这说明他们是站在秦国立场上说话的。如果从论证角度看，我们倒觉得公孙龙的反驳是理直气壮的。

秦王指责赵国违约，论据是"约曰：'秦之所欲为，赵助之；赵之所欲为，秦助之'"，今秦攻魏而赵欲救魏。公孙龙指责秦国违约，论据同样是"约曰：'秦之所欲为，赵助之；赵之所欲为，秦助之'"，今赵欲救魏而秦攻魏。正如《墨经》中援式推论所说："子然，我奚独不可以然也？"公孙龙出主意说"亦可"发使而让秦王，如果赵国真的发使赴秦，大概秦王也无可奈何。从论证看，秦王指责赵国违约所用的论据有问题，它对于立敌双方具有同等的作用，所以公孙龙可以反过来用它去指责秦国违约。"秦赵相让"故事给予我们的启示是：在反驳时，不能使用对立敌双方有同等作用的理由作论据。

印度因明有一种叫"平衡理由"的过失，说的是立敌双方各有足够的论据论证自己的论题成立。"平衡理由"与"秦赵相让"所发生的论据错误有相似之处。

"论据不能对立敌双方具有同等的作用"虽不是古代名辩家的理论阐述，但它是古代文献中对后人有益的启示。类似的论据错误，在现今日常生活中也能碰到。比如，父子两人在论辩，儿子说"儿子总比爸爸要聪明"，其论据是"是牛顿发现了万有引力，而不是他的爸爸"。父亲反驳说"爸爸总比儿子要聪明"，其论据是"是牛顿发现了万有引力，而不是他的儿子"。这也是

---

① 《吕氏春秋·淫辞》。

论辩双方使用同一个论据来论证自己的观点。

六、"偏是之议"，不能为是

嵇康指出，在论辩中要注意避免片面性。他说：

> ……良田虽美，而稼不独茂；卜宅虽吉，而功不独成。相须之理诚然，则宅之吉凶未可惑也。今信征祥，则弃人理之所宜；守卜相，则绝阴阳之吉凶；持知力，则忘天道之所存。此何异识时雨之生物，因垂拱而望嘉谷乎？是故疑怪之论生，偏是之议兴，所托不一，乌能相通？[①]

就是说，某种现象的出现，往往不是单一的原因引起的。如果只抓住其中一点而不虑其他，就会产生片面的意见（"偏是之议"）和"疑怪之论"。如果论辩双方都持"偏是之议"，你讲这一面，他讲那一面，那么就连共同语言也没有了（"所托不一，乌能相通"）。因此，嵇康提倡"广求异端""兼而善之"。

七、忌"气构""妄构"

刘劭在论辩难时，提出了忌"气构""怨构""忿构""怒构"和"妄构"的问题。他说：

> 不善攻强者，引其误辞以挫其锐意。挫其锐意，则气构矣。

> 不善蹑失者，因屈而抵其性。因屈而抵其性，则怨构矣。

---

① 《难宅无吉凶摄生论》。

　　　　仓卒谕人，人不速知，则以为难谕。以为难谕，则怨
　　构矣。

　　　　不善难者，凌而激之，虽欲顾藉，其势无由。其势无由，
　　则妄构矣。

　　　　不了己意，则以为不解。人情莫不讳不解。讳不解，
　　则怒构矣。①

　　前面"四构"，概括地说，都与诉诸情感的错误有关。而"妄
构"则说的是论据虚假的问题。

八、"辩言必约"，"理足而止"

　　古代名辩家要求论辩的语言要朴实、准确，要言不烦。

　　荀子赞扬君子之辩"言而足听，文而致实"②，"忌讳不称，
祅辞不出""正其名，当其辞，以务白其志义"③；而批评"小人
之辩"，"芴然而粗，喷然而不类，諓諓然而沸，彼诱其名，眩
其辞，而无深于其志义"④。

　　韩非指责某些辩者"好辩说而不求其用，滥于文丽而不顾
其功"⑤，"驱于声词，眩于辩说"⑥，而经不起检验。他认为这都是
无用之辩。

　　王充特别强调论辩之时语言要明白晓畅。他说："口论以分

---

①　以上五构均见《人物志·材理》。
②　《荀子·非相》。
③　《荀子·正名》。
④　《荀子·正名》。
⑤　《韩非子·亡征》。
⑥　《韩非子·问田》。

明为公，笔辩以获露为通。"他要求做到"言无不可晓，指无不可睹"，使"观读之者，晓然若盲之开目，聆然若聋之通耳"。[①]他同时主张"言不须繁，事不须多"，以"正是审明"为要。他坚决反对"隐闭指意"。他说："口言以明志，言恐灭遗，故著之文字。文字与言同趋，何为犹当隐闭指意？"[②]"隐闭指意"是违背论证旨意的。

徐幹明确地把"言约不烦"作为论辩一项不可缺少的要求。他说："辩之言必约而至，不烦而谕。"[③]这同他把辩看作是"善分别事类而明处"的主张是一致的。他反对"苟美其声气，繁其辞令"，"好说而不倦，谍谍如也"的"苟言苟辩"，将其斥为"小人之辩"。[④]

徐幹还指出，论辩是为了辨是非，获得正确的认识。只要正确的认识得到了，就应高兴，不必分是你对还是我对。[⑤]因此，在论辩时，如果已经明确对方的立论是对的，就应该停止辩论。否则"遇人之是而犹不止，苟言苟辩，则小人也"。这里，徐幹实际上提出了"理足而止"的论辩要求。

刘劭发扬了徐幹的思想，明确地把"善言已出，理足而止"作为一项论辩要求提了出来。刘劭是一位人物学家，他强调"通于天下之理"而"通人"，主张"采虫声之善音，赞愚人之偶得"，

---

① 《论衡·自纪》。
② 《论衡·自纪》。
③ 《中论·核辩》。
④ 《中论·核辩》。
⑤ "君子之于道也，在彼犹在己也。苟得其中，则我心悦焉，何择于彼？苟失其中，则我心不悦焉，何取于此？"（《中论·核辩》）

“心平志谕，无敌无慕”[①]，因此在论辩上，他提倡理胜，反对辞胜，既然真理（“善言”）已经揭示出来，争辩也就应该停止。

九、“疾徐应节，不犯礼教”

古代名辩家也十分注意论辩的道德、礼仪和风度。比如荀子歌颂圣人之辩“有兼听之明，而无奋矜之容；有兼覆之厚，而无伐德之色”；赞扬君子之辩“辞让之节得矣，长少之理顺矣。忌讳不称，祆辞不出。以仁心说，以学心听，以公心辨。不动乎众人之非誉，不冶观者之耳目，不赂贵者之权势，不利便辟者之辞。故能处道而不贰，咄而不夺，利而不流”；而反对“口舌之均，噡唯则节”，“啧然而不类，誻誻然而沸”[②]的“鄙争”。徐幹提出，君子之辩应“疾徐应节，不犯礼教”，“乐尽人之辞，善致人之志，使论者各尽得其愿而与之得解”。[③]这是中国古代对论辩的一个特殊要求。

---

① 《人物志 · 材理》。“无敌无慕”原为“无适无莫”，有误。参见《中国哲学史教学资料汇编》，中华书局出版。

② 《荀子 · 正名》。

③ 《中论 · 核辩》。

第六章 名辩与因明、逻辑

第一节 因明、逻辑学的传入和发展

一、因明的传入和发展

伴随着佛教的传播，印度古因明于5—6世纪传入中国。龙树的《方便心论》和《回诤论》、世亲的《如实论》等先后被译成汉文，但这些古因明著作在当时的中国没有产生太大的影响。

到7世纪，唐玄奘"孤杖远征"，在印度留学15年，其因明水平被公认为天竺第一人。他回国后，译出《因明入正理论》和《因明正理门论》等新因明著作。与此同时，玄奘又在译场讲授因明。由于有玄奘的提倡，又得到唐太宗的支持，因明研究极一时之盛，弟子文轨、神泰、靖迈、明览、文备、玄应、净眼、窥基等都有因明注疏问世。这些注疏不仅有助于僧人研习印度因明经论，更对因明义理有所创新和发展。在那个时代，世界因明研究的高峰在中国，中国是因明的第二故乡。

据文献记载，当时周边国家和地区的学子竞相到大唐留学，学成回国遂把因明传入日本和古朝鲜。后来，这些国家的因明研究连绵不绝，著作甚丰，也产生了一些有成就的因明家。

然而，在中国，唐朝的汉传因明研究与普及基本上局限在寺院内，在社会上影响并不大。几十年后，因明便随着法相唯识学的消沉而慢慢沉寂了，一直到明清都没有产生重要的因明著作。

公元8世纪，印度因明传入我国藏族地区，陈那的《因轮论》是译成藏文的第一部因明著作。公元11世纪后，印度因明在藏地有长足发展。陈那和法称的重要因明经论都被译成藏文，藏地学者又出版了自己的著作，形成了独具特色的藏传因明传统。

到了清代中晚期，佛学法相宗在汉地开始复兴。一批思想家认为搞革新变法需要从佛学中吸取精神力量，从而提倡佛学，特别是法相唯识学，因明学也随之复苏。

安徽杨文会居士（1837—1911）是使因明在中国复苏的一个重要人物。他不畏艰辛搜求佛经，锓版流通。他认为，只有"流通经典"，才能"普济众生"。他在1866年创立金陵刻经处，从事刻经事业。他先后托人从日本购买或抄写我国久佚的佛经几百部，其中包括在我国早已散失的玄奘、窥基等人翻译和注疏的因明经论多种。特别是窥基的《因明大疏》复归中国，为因明的复苏和发展奠定了基础。

五四运动以后，我国的汉传因明研究继唐朝之后出现了第二次高潮。欧阳竟无（1871—1943）在因明的弘扬方面起着中坚作用。他同章太炎等经多年筹备，在金陵刻经处内成立支那内学院，培养了一批弘传唯识和因明的人才。著名学者吕澂、姚伯年、汤用彤、梁漱溟、陈铭枢、王恩洋等都曾在支那内学院学习过，梁启超也抽暇到内学院听欧阳竟无讲学。1919—

1949 年 30 年间，内地出版了翻译和撰著的因明著作近 30 种，其重要译著有吕澂的《因轮决择论》《集量论释略抄》等；注疏有梅光羲的《因明入正理论疏节录集注》、丘檗的《因明正理门论斠疏》、熊十力的《因明大疏删注》等；著作有太虚的《因明概论》（1922）、吕澂的《因明纲要》（1926）、陈望道的《因明学》（1931）、虞愚的《因明学》（1936）和《印度逻辑》（1939）、周叔迦的《因明新例》（1936）、陈大齐的《因明大疏蠡测》（1945）、许地山的《陈那以前中观派与瑜伽派之因明》等。这些著作在内容上十分广泛，而且较以前更深入了。不仅如此，全国许多佛学院和高等学府也开设了因明课。

20 世纪后半叶，我国因明研究出现了马鞍形发展轨迹。

1949—1966 年是新的起点。因明界的老专家普遍学习马克思主义，努力用马克思主义指导自己的因明研究，发表了一批介绍因明的论文，其突出者是吕澂和虞愚。同时吕澂和虞愚还分别为中国科学院哲学社会科学研究者和中国佛学院学僧系统地讲授了因明。

1966—1976 年，因明和其他学术领域一样进入了"严冬"。

"文革"结束后，党和政府大力发展科学教育事业，振兴濒临亡绝的学科，因明又开始复兴，并取得了可喜的成绩。一是虞愚等老一辈因明专家开讲座、搞培训，积极培养中青年因明学者，显见成效；二是中国逻辑史研究会成功地召开了"全国因明学术讨论会"（1983）、"藏汉因明学术交流会"（1989）等会议，推动了因明研究；三是近 20 年出版了一批因明著述，发表了一批因明论文，如沈剑英的《因明学研究》（1985）和《佛家逻辑》（1992），巫寿康的《〈因明正理门论〉研究》（1994），郑伟宏的《佛家逻辑通论》（1996），杨化群的《藏传因明学》（1990），剧宗林的《藏传佛教因明史略》（1994），刘培育等选编的《因明论文集》（1982）、《因明新探》（1989）和《因明研究》（1994），等等；四是在一些高等院校逻辑专业硕士生中普遍开设了因明课，并培养出多名因明硕士和博士。

但是，同其他学科相比，因明学仍是一个比较薄弱的学科，需要进一步推动与发展。

二、逻辑学的传入和发展

明末，在封建社会内部出现了资本主义经济的萌芽，在思想界出现了追求科学民主的思想意识。伴随着西方天主教教士来中国传教，西方科学包括逻辑学也在中国传播，受到知识界的欢迎。由利玛窦口译、徐光启笔受，成功地译出了《几何原本》（1607）。该书从公理、公设出发，进行演绎推理，逻辑极为严密。中译本的问世，给中国知识界介绍了全新的演绎思维方法。此后，李之藻又与利玛窦合作，在晚年翻译了17世纪的葡萄牙科英布拉大学耶稣会会士的逻辑讲义《亚里士多德辩证法概论》，中译本书名为《名理探》（1631年印行）。这是西方逻辑的第一个中译本，它的出版标志着西方逻辑第一次传入中国。《名理探》长达20多万字，只讲了些逻辑学的基本知识，当时能卒读的人不多，未能产生太大的影响。

19世纪末20世纪初，戊戌变法、辛亥革命和五四运动相继发生，在思想学术领域追求科学、民主的呼声日渐高涨，尤其强调学习西方的科学方法和逻辑学，称逻辑学是"一切法之法，一切学之学"（严复语），"一切学问之母"（梁启超语）。严复是系统引进西方逻辑的主将和带头人，他翻译的《穆勒名学》（1905）影响很大，具有里程碑意义。在严复的影响和推动下，胡茂如翻译了大西祝的《论理学》（1906），王国维翻译了耶方斯的《辨学》（1908），林可培编译了《论理学通义》（1909），等等。这是西方逻辑的第二次传入，也是真正意义上的传入。

1919年以后，逻辑学在中国得到更大的发展。一是传统逻辑在中国大普及，截至1949年，中国学者翻译的逻辑著作近30种，中国学者编著的逻辑书（包括教材）100余种；逻辑学不仅进入了普通高校的课堂，在师范院校和高中也开设了逻辑课，这说明西方传统逻辑已为中国学术界和教育界所接受，为青年学子所接受。二是1920年罗素访华，向中国学术界介绍了数理逻辑，次年出版了他的讲演录《数理逻辑》；继之，中国学者金岳霖、汪奠基、沈有乾、牟宗三等人或在大学里讲授数理逻辑，或出版数理逻辑著作，把现代逻辑系统地传入中国，并为中国培养了一批学养深厚的数理逻辑学家。

这个时期，比较重要的翻译著作有：高山林次郎的《论理学纲要》（1925）、枯雷顿的《逻辑概论》（1926）、琼斯的《逻辑》（1927）、查普曼的《逻辑基本》（1937），等等。中国学者自著的逻辑著作主要有：屠孝实的《名学纲要》（1925）、王章焕的《论理学大全》（1930）、金岳霖的《逻辑》（1936）、沈有乾的《论理学》（1936），等等。

值得注意的是，20世纪30年代，受当时苏联理论界的影响，在我国发生了一场关于辩证法和形式逻辑关系的大论战。准确地说，是一些哲学家错误地把形式逻辑当作形而上学进行批判。这场"论战"从 1929 年到 1939 年，持续整整 10 年，而其实际影响一直延续到 20 世纪下半叶，对逻辑学的发展起了消极的作用。

20 世纪 50 年代初至 60 年代中期，中国学术界就形式逻辑和辩证逻辑的一些理论问题进行了广泛的讨论，内容包括：形式逻辑和辩证逻辑的关系，形式逻辑的对象、性质、作用及客观基础问题，形式逻辑的修正、改造和发展问题，归纳推理和归纳方法问题，等等。这场讨论延续了 10 多年，共发表论文几百篇。马特的《形式逻辑中唯物主义和唯心主义的斗争》(1957)和《马克思主义和逻辑问题》(1958)、江天骥的《逻辑问题论丛》(1957)、王方名的《论形式逻辑问题》(1957)、周谷城的《形式逻辑与辩证法》(1959)等书反映了争论各方的主要观点。这场讨论对于正确认识形式逻辑的性质及作用问题产生了一些积极的影响。但由于参加讨论的一些人逻辑修养不高，使得讨论不能深入下去。

"文革"结束后，逻辑学研究进入蓬勃发展时期。从 20 世纪 70 年代末到 90 年代末的 20 年间，逻辑学领域取得了可喜的成绩。一是我国形成了一支有相当实力的逻辑研究和教学队伍，他们中有很多人是逻辑专业毕业的本科生和研究生，有较高的逻辑素养和较强的研究能力。二是逻辑工作者追踪国际逻辑研究的新成果和前沿课题，完成国家科研课题 50 多项，在逻辑学的诸多分支学科中取得重要成果，缩短了我国与国际逻辑研究的差距。三是各高校在哲学、政教、中文、法律、管理等许多专业开设逻辑课，又出版了一大批逻辑教材和普及读物，使逻辑学得到了更广泛的普及。

第二节　名辩与因明、逻辑的比较研究

19 世纪末至 20 世纪初，中国逻辑界的一些学者开始对古代名辩学和因明、逻辑进行比较研究的工作。这项研究连绵不断到 20 世纪末，取得了一些重要成果。

一、孙诒让发比较研究之端

清经学家、文字学家孙诒让（1848—1908）花近 30 年时间研究《墨子》。他不仅博采清中叶以来治墨诸家之所长，完成《墨子间诂》一书，更用西方逻辑"复事审校"的方法予以增订。他说："尝谓《墨经》揭举精理，引而不发，为周名家言之宗。窃疑其必有微言大义，如欧士亚里大得勒之演绎法，培根之归纳法，及佛氏之因明论者……拙著印成后，间用近译西书，复事审校，似有足相证明者。"[①] 孙诒让上述言论中虽用了"窃疑""似有"等词，却又加了"其必有""足相证明"等用语，可见他肯定了名辩、逻辑、因明三者本质上有相通相似之处。可以说，孙诒让是中国历史上最早对名辩与逻辑、因明有比较研究意识的学者。他发三者比较研究之端，功不可没。

---

① 《与梁卓如论墨子书》，转引自方授楚《墨子源流》。

此后近百年，学术界对名辩与逻辑、因明做比较研究者不绝。下面就其代表者分别叙述之。

二、梁启超、章太炎的比较研究

近代著名学者梁启超（1873—1929）受孙诒让的启发和鼓励，研究《墨子》特别是《墨经》中的逻辑思想，先后撰写了《子墨子学说》（附《墨子之论理学》一文）、《墨经校释》、《墨子学案》等著作。梁启超用"论理学"译"Logic"。他认为《墨子》全书殆无一处不用论理学之法则，特别是《经说上》《经说下》《大取》《小取》诸篇谈论理学之法则最为详尽，故"引而释之，与泰西治此学者相印证焉"①。他用逻辑的概念来解释《墨子》中的概念。比如，他说墨子"所谓辩者，即论理学也"，"所谓名，即论理学所谓名词也"，"所谓辞，即论理学所谓命题也"，"所谓说，即论理学所谓前提也"，"所谓实意故，皆论理学所谓断案也"，"所谓类，殆论理学所谓媒词也"。他又说，墨子"所谓或，即论理学所谓特称命题也"，"所谓假，即论理学所谓假言命题也"，"所谓效，殆含法式之义，兼西语 Form、Law 两字之义。专求诸论理学，则三段论之格，Figure，足以当之，苟不中格者，则其论法永不得成立也"，"所谓譬，论理学所谓立证也"，"所谓侔，即比较之义，论理学所最要也"，"所谓援，其义不甚分明，不敢强解，若附会适用之，则积迭式之三段论法，庶几近也"，而所谓推，他认为墨子之"定义颇奥古，不敢强解"。

---

① 《子墨子学说·墨子之论理学》。

梁启超认为，"以欧西新理比附中国旧学，其非无用之业也明矣"①。就是说，用逻辑"比附"名辩学是有意义的。他做的比较研究也十分认真，力求做到"忠实，不诬古人，不自欺"②。他自己认为没弄懂的地方，"不敢强解"。梁启超的贡献是，在逻辑与名辩的比较中，找到了二者某些具体的相似相通之处，挖掘出《墨经》中许多逻辑内容；他得出的"墨子之论理学，其不能如今世欧美治此学者之完备"③的结论，也是正确的。不足之处是，名辩与逻辑的对应相对有牵强附会之嫌。这一点梁启超自己也并没有否认。他说，将《墨子》之论理与逻辑作比较，"能否尽免于牵合附会之消，益未敢自信"④。

此外，梁启超也将《墨经》论理学与印度因明作了具体比较，认为二者有"绝相类处"，较孙诒让又进了一步。⑤

近代著名思想家章太炎（1869—1936）对中国名辩、印度因明和西方逻辑都比较熟悉。他在《国故论衡·原名》篇对《墨经》、因明、逻辑的论式做了具体比较。他说："辩说之道，先见其旨，次明其柢，取譬相成，物固可形。因明所谓宗、因、喻也。印度之辩：初宗，次因，次喻。大秦之辩：初喻体（近人译为大前提），次因（近人译为小前提），次宗。其为三支比量一矣。《墨经》以因为故，其立量次第初因，次喻体，次宗，悉异印度、大秦。"上述比较既指出了三者论式之同，也指出

---

① 《子墨子学说·墨子之论理学》。
② 《子墨子学说·墨子之论理学》。
③ 《子墨子学说·墨子之论理学》。
④ 《子墨子学说·墨子之论理学》。
⑤ 《墨经校释》和《墨子学案》。

了三者论式之异，对后世影响很大。章太炎认为，三者之间有短长，"大秦与墨子者，其量皆先喻体，后宗。先喻体者，无所容喻依，斯其短于因明立量者常则也"。显然，章太炎是从论辩而非推理的角度来比较三种论式之短长的，所以他推崇因明三支论式。

在今天看来，章太炎把《墨经》之辩式解释为初因、次喻体、次宗三支，与原典并非恰合；单纯从论证角度评价三种不同传统之推理论证方式的优劣也不够中肯，这是章太炎比较研究的不足之处。

梁启超、章太炎都是将名辩与逻辑、因明进行比较研究的先驱者。

三、谭戒甫、虞愚、章士钊的比较研究

谭戒甫（1887—1974）是中国现代有影响的名辩学家。他一生治墨学甚勤，20 世纪 30 年代出版《墨经易解》，发表论文《〈墨辩〉轨范》，50 年代出版《墨辩发微》，就名辩与逻辑、因明做了多方面的比较研究。

谭戒甫认为，因明与《墨经》"理实一贯"。从论辩着眼，凡立一辞，敌者"亟须诘其立辞之由"，而立者"便当说明其故以为之答"。如出故正确，辞即坚定，故曰"辞以故生"。若由一物以推及多物，由已知以推及未知，因而得一综例，"遂令所立之义，得以增长"，故曰"辞以理长"。凡同类之事物，必可取之以相推，故曰"辞以类行"，立辞而不明于其类，必困矣。

谭戒甫从三个方面对三者的论式作了比较。

1. 墨辩三辩与因明三支、逻辑三段。

《墨经》有"推类之难"说。谭戒甫在解说这条经文时指出：推类难又不难。说它难，是因为天地之间事物无穷，类有异同，漫无纪律，则推类难。说它不难，是因为推类仍然有术。他认为："此在因明则有三支，在墨辩则有三辩，在逻辑则有三段。凡此皆适用之以解决此项问题者也。"这是说三者论式功用之同。

谭戒甫指出，三辩与三支、三段相比较，逻辑之例即因明之喻、墨辩之理，案即因、故，判即宗、辞。其不同之点"不过一、三两段互易而已"。总地来看，这种比较与章太炎大体相同。所不同的是，谭戒甫一方面说"三辩"即故、理、类，一方面在比较时又舍弃"类"而增加"辞"，去同三支、三段相对应，前后不一致。

2. 墨辩"四物"与因明"四支"。

谭戒甫说，墨辩之"三辩"，即"故""理""类"三物，合"辞"共为"四物"以组成论式；因明的喻支分为喻体和喻依，也可以看作是"四支"。如果两相比较，可列表如下：

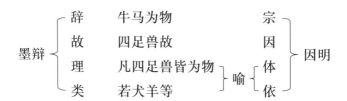

上表中墨辩和因明的对应是成立的，"可谓大同"。所异者，"因明以喻兼理、类而称宗、因、喻三支，墨辩以一辞独立而称故、理、类为三辩"。这是谭戒甫的创见。

（3）墨辩"六物"与因明五分、逻辑三段。

谭戒甫提出墨辩"六物式"，即辞、故、辟、推、侔、援。进而将"六物式"与古因明之五分作法及逻辑三段式做比较，详见下表：

墨辩六物式		因明五分作法	逻辑三段法
辞	牛马为物	宗	
故	四足兽故	因	
辟	若犬羊等	（喻依）	
推	凡四足兽皆为物	喻	例
侔	牛马为四足兽	合	案
援	故牛马为物	结	判

谭戒甫认为，"三者实同一结构"，仅"物、支、段之数繁简不同耳"。

按：谭戒甫的"六物式"之说似不能成立，故上述比较至今难在学界取得共识。

谭戒甫还从自悟与悟他方面将墨辩与因明作了比较。他列表对照如下：

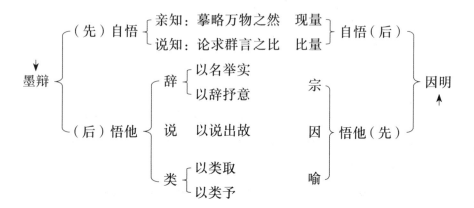

谭戒甫将亲知与现量对应，说知与比量对应；将亲知与说知看作自悟可以确认，但他把"说"与"说知"相区别，将说与因相对应，似缺乏必要的根据。同时，墨辩并不强调区别自悟与悟他。

虞愚（1909—1989）是中国现代著名因明家、名辩学家。他在 30 年代出版《因明学》《中国名学》等著作，将墨家的"辩律"同逻辑、因明进行比较，提出了一些新的见解。

他认为，墨子辩律合小故、大故二者而成；西洋逻辑演绎辩式合大前提、小前提、断案三者而成；新因明三支合宗、因、喻三者而成。小故和小前提、因相对应，大故和大前提、喻体相对应。他指出："墨子之辩律，初因，次喻体，虽但有小前提、大前提而无断案，然彼先小前提后大前提，则小前提之断案于大前提者，因无待言矣。"①

虞愚进而就三种论式中的名词（概念）情况作了比较。举例如下：

逻辑 ⎰ 大前提：凡所作性必无常。
　　 ⎱ 小前提：声是所作性物。
　　 ⎰ 断案：故声是无常。

因明 ⎰ 宗：声是无常。
　　 ⎱ 因：所作性故。
　　 喻 ⎰ 同喻：若是所作，见彼无常，如瓶等。
　　　　 ⎱ 异喻：若是其常，必非所作，如空等。

---

① 虞愚：《中国名学》，载刘培育主编《虞愚文集》第一卷，甘肃人民出版社 1995年版，第 509 页。

墨辩 {
　小故：声是所作性。
　大故：凡所作性皆是无常。①
}

虞愚认为，墨辩、因明、逻辑三式"所用三名物同，而西洋逻辑三名皆两见，印度因明之宗依（声）但一见，墨子则惟'因之所作性'两见，余皆一见"。由此他得出结论："故此三种演绎推理辩式，墨子最为简便……因明量为最谨严矣。逻辑演绎推理与墨经辩式，斯其短于因明也。"②

下面，我们对虞愚的比较研究作个简短的评论。首先，虞愚注意比较三种辩式中不同概念的出现情况，说明其较前贤的研究更为精细了。但这种比较结果说明了什么，他没有阐明。其次，他对"小故""大故"的解释，与墨辩之本义似有距离。因此，能否把小故、大故看作是墨辩的两段论式，也值得商榷。再次，逻辑三段论是演绎推理，而墨经辩式（小故、大故式）与因明三支都不是演绎推理，若比较三者之短长，需要从不同方面分别去说，不可笼统地比。他认定"因明量为最谨严"，逻辑演绎推理与《墨经》"短于因明"，也还可商讨。

章士钊（1881—1973）是中国现代著名逻辑学家。他于1943年在重庆出版《逻辑指要》。此书"以欧洲逻辑为经，本邦名理为纬，密密比排，蔚成一学"。就是说，以逻辑体系为基本框架，在中国名辩思想史料中寻找相对应的概念或思想，一一比排。比如，他说："以三物论事，号为常经，可见当时立

---

① 虞愚：《中国名学》，载刘培育主编《虞愚文集》第一卷，甘肃人民出版社1995年版，第509页。

② 虞愚：《中国名学》，载刘培育主编《虞愚文集》第一卷，甘肃人民出版社1995年版，第509页。

论之体制与逻辑三段、因明三支相合。""三支论法，总举一物，墨名曰推；五支论法，旁及多物，墨名曰譬。"又说，《墨经》中的"二名一实"是同一律；"不俱当必或不当"是矛盾律；《墨经》中的"合与一，或复否，说在拒"，以同一、矛盾、排中"三律之脉络因贯通也"。又说，《墨经》中的"名"是概念，"辞"是命题，"侔"是换质，"三物"是三段论……通过一番"比排"，章士钊得出结论：中国先秦名学与欧洲逻辑"信如车之两轮，相辅而行"。

章士钊的上述比较工作有得有失。得，是他对中国名辩思想史料作了比较全面的搜寻和翻捡；失，是他所作的对应比较往往不够准确，有牵强比附之嫌，并且夸大了中国名辩学的成果。

四、沈有鼎、张盛彬的比较研究

中国现代著名哲学家、逻辑学家沈有鼎（1908—1989）从20世纪30年代后期开始研究晚周辩学，之后的半个世纪里一直没有停止在这个领域的探索。1955—1956年，他在《光明日报》上连载长篇论文《墨辩的逻辑学》（此文于1980年由中国社会科学出版社正式出版，更名为《墨经的逻辑学》），对名辩与逻辑、因明作了深入的比较研究。

沈有鼎不同于以前所有研究《墨经》的学者，他站在逻辑的立场上，从深层次揭示了"故""理""类"的逻辑内涵。他指出："'辞以故生，以理长，以类行'十个字替逻辑学原理作了经典性的总结。"①

沈有鼎借用因明的例子，将故、理、类与因明、逻辑作比较，说明故、理、类三因素的内在联系：

宗——声是无常。（所立之辞，结论。）

因——声有所作性故。（故，小前提。"辞以故生"。）

喻体——凡所作皆无常。（理，大前提。"辞以理长"。演绎推论。）

喻依、合——如瓶，瓶有所作性，瓶是无常。声有所作性，声亦无常。（类，"辞以类行"。类比推论。）

沈有鼎也认为《墨经》的"辞"与因明的"宗"、逻辑的"结论"相当；"故"与"因""小前提"相当；"理"与"喻体""大前提"相当。这是前人已经指出过的。不同的是，沈有鼎认为，《墨经》的"类"和因明的"喻依""合"以及逻辑的类比推理相当，但不"等同"。

沈有鼎指出："'类'字在古代中国逻辑思想中占极重要的位置，我们必须给以正确的解释。"②"类"是"理"的具体表现。"类"字的一个意义是相类或"类同"，相类的事物有相同的本质；"类"字的另一个意义，是我们把相类的事物概括为一"类"，于是一类中的事物都是"同类"，本质相同，不是一类中的事物则是"不类"，即"异类"，异类的事物本质不同。《墨经》所说的"辞以类行"，是说一切推论最后总是要从"类推"出发，而"类推"的根据就在于事物间的"类同"。而归纳推论和类比推论都是用

①　刘培育等编：《沈有鼎文集》，人民出版社1992年版，第336页。
②　刘培育等编：《沈有鼎文集》，人民出版社1992年版，第336页。

"类推"的方式进行的。特别值得注意的是,沈有鼎强调《墨经》中"所说的类比推论和西方人或现代人常说的'这只是一个类比'不同"①。中国古代人对于类比推论的要求比较高,这是因为在古代人的日常生活中类比推论有着极广泛的应用。换句话说,类推(或推类)是中华民族最为常用的一种推理形式,这也是中国古代名辩学不同于西方逻辑与印度因明的最根本的特征。②

总之,沈有鼎的比较研究揭示出了中国名辩学的本质特征。

张盛彬(1932—2016),安徽六安师专教授。他在《中国社会科学》1983年第一期发表了《论因明、墨辩和西方逻辑推理之贯通》一文。该文回顾了自孙诒让以来中国学者对名辩与逻辑、因明比较研究的思路和成果,并在此基础之上提出了他本人对三种逻辑传统推理之贯通的认识。

张盛彬进行比较研究的基本做法是,首先,他区分逻辑的认识作用和表达作用。他认为,亚里士多德在《分析论前篇》第2卷第24章中讲的"例证"(也译为"类比"),"既不同于由部分推论到全体,也不是由全体推论到部分,而是由部分推论到部分"。亚氏这里所讲的类比不同于西方传统逻辑的类比。后者是一种认识方式,或者说是处于感性认识阶段的类比;而前者是一种表达方式,或者说是表达过程中的类比,确切些说,是一种类比论证。类比论证是归纳与演绎推理连用的省略式,即省略了"一般"的从"个别→(一般)→个别"的推理形式。③

---

① 刘培育等编:《沈有鼎文集》,人民出版社1992年版,第336页。

② 参见刘培育:《沈有鼎研究先秦名辩学的原则和方法》,《哲学研究》1997年第10期。

③ 参见刘培育主编:《因明研究》,吉林教育出版社1994年版,第76—78,80—

因明与墨辩都是在论战中发展起来的，都是论辩经验的总结，侧重在表达过程。古因明通过合支把宗、因、喻合在一起，从合支可见古因明所理解和阐明的推理只能是类比。新因明从喻中分化出喻体，斩断了喻依与宗的类比关系，将类比过程分解为归纳和演绎。这正好说明因明的类比过程包含了归纳与演绎两个过程，与亚氏所说的类比是一致的。[①]

墨家立辞讲故、理、类，"辞"类似因明之宗，"故"类似因，"类"类似喻，"理"类似喻体。"三物"说就相当于因明的三支论式。张盛彬认为，《墨经》与因明是近似的，它们都是综合研究论辩之理的，说理时最常用、最有效的办法是示类（或用喻）。墨子立言（辞）依赖"类"和"故"，墨家后学提出立辞之"三物"，增加"理"（相当于喻体），这一演变过程也与古因明到新因明的演变类似。

张盛彬的结论是：名辩、逻辑、因明三种逻辑传统的推理是可以贯通的，即它们都是演绎推理和归纳推理的结合，是省略了"一般"的"从个别到一般（省略）再到个别"的推理形式。所不同的是，"因明更重因，墨辩更重类。逻辑则不然，它不重综合研究，而重分析研究；不重归纳、类比，而重演绎；不重演绎的内容，而重演绎的形式"[②]。

张盛彬提出的所谓类比推理是归纳推理与演绎推理连用的省略式，不一定妥当。因为归纳推理与演绎推理连用式（或其

---

83 页。

① 参见刘培育主编：《因明研究》，吉林教育出版社 1994 年版，第 76—78，80—83 页。

② 参见刘培育主编：《因明研究》，吉林教育出版社 1994 年版，第 85、86 页。

省略式）和类比推理是两种性质不同的推理①。但是他对名辩、逻辑、因明三者推理形式所做的贯通工作是很有意义的。

沈有鼎和张盛彬对三种逻辑传统的推理所做的比较研究没有停留在表面，也不是孤立地比较三者推理形式的异同，而是深入不同民族思维传统的文化底蕴，去挖掘它们相同与相异的原因，展现各自不同的特点。这就把比较研究工作引向了深入。

20世纪70—90年代，做名辩、逻辑、因明三者比较研究的学者还有很多，研究的内容也很广泛。比如，周谷城提出，名辩和因明、逻辑"三者自身都推不出真理"，但对于实践活动却都是"不可缺少的"，都是帮助实践的工具②。限于篇幅，本书不做更多评介了。

百年来，中国学者对名辩与逻辑、因明所做的比较研究有两个显著的特点。

一是经历了一个由着眼于同到着眼于异的过程。前期学者所做的名辩与逻辑、因明的比较研究，主要着眼于三种传统的相同或相似之处。孙诒让从总体上指出《墨经》中有似亚里士多德之演绎法、培根之归纳法和佛家之因明的"微言大义"。梁启超主要找出名辩与逻辑有许多相同、相似的名词（概念）。章太炎重点指明了三种传统在论式上的相同与相似之处。章士钊则全面翻检中国名辩史料，尽可能多地找出名辩与逻辑相同、相似的内容。他们是在因明和逻辑传入中国之后，特别是在国人迫切地向西方学习科学方法，尤其是逻辑方法之时，力求证

---

① 参见刘培育：《类比推理的本质和类型》，载《形式逻辑研究》，北京师范大学出版社1984年版，第264—266页。

② 参见《因明、逻辑、墨辩是帮助实践的工具》，载《因明研究》第46—52页。

明中国古代也有像逻辑和因明那样的学问，倡扬中国传统文化。虞愚、谭戒甫、张盛彬等既指出三种传统的相同与相似之处，也指出三者的不同之处。沈有鼎在肯定三种传统之同的基础上，着力阐述了名辩与逻辑、因明的不同之处。从心态上讲，他们已不怀疑中国古代有逻辑，并要揭示中国名辩的固有特点和中华民族的特有思维方式。这标志着比较研究进入了一个新的阶段。

另一个显著特点是，除个别学者外，绝大多数学者都紧紧抓住三种传统的推理进行比较，或比较它们之间的同，或比较它们之间的异。这说明，中国逻辑史的研究者们能够比较准确地把握住逻辑的实质，抓住了比较的重点。这是很可贵的。

一百年的比较研究，取得了两项积极的学术成果。一是认识到中国古代人的逻辑意识比较薄弱。通过比较研究，学习逻辑学，大大提高了中华民族的逻辑意识，推动了逻辑学在中国的传播、普及和发展。二是通过比较研究，对名辩思想进行的系统整理和阐发，挖掘中国古代逻辑思想，在中国学术界形成了一个新的中国逻辑史学科和研究方向，拓宽了我国学术研究的领域。

20世纪的比较研究也存在着深刻的教训。主要是一些学者在用逻辑学解释名辩思想、建构名辩体系的过程中，出现牵强附会的失误。它的直接后果是模糊或抹杀了名辩学的原貌和固有特色，不恰当地评价名辩学的逻辑成果。

20世纪在中国出现的名辩与逻辑、因明比较研究，是世界逻辑发展史上一个独特的学术现象，也是中国学者对世界逻辑史的一个贡献。

增　补

第一节　名辩学的特点

　　中国先哲早在战国时期就建构了体系比较完整的古代名辩学，与西方亚里士多德逻辑学和古印度因明合称为世界逻辑史上三大逻辑传统。那么，与亚氏逻辑学、古印度因明相比，中国古代名辩学有着怎样的特点呢？

一、名辩学特别关注正名问题

　　在先秦，不论是儒家、法家，还是名家、墨家，都十分关注名的问题，包括名的方方面面。

　　孔子在我国历史上最早提出"正名"主张。他说："名不正，则言不顺；言不顺，则事不成；事不成，则礼乐不兴；礼乐不兴，则刑罚不中；刑罚不中，则民无所措手足。"孔子把"正名"看作"正政"的前提和第一要义，因此，"必也正名乎！"（《论语·子路》）"名不正，则言不顺"，道出了名和言的关系。名有名称、

概念、名分等义，言有语句、命题、判断等义。从逻辑角度看，
"名不正，则言不顺"，说明命题、判断的正确性依赖于概念的
正确性。正确的概念的标准，就是名要正，要符合实，要明确。
儒家集大成者荀子著有《正名》篇，深入考察了名的本质：制
名的认识根据、制名的原则和方法，提出"名也者，所以期累
实也"；制名要"缘天官"，靠心之"征知"。特别是荀子提出
"制名之枢要"，阐述同实同名、异实异名，"单足以喻则单，单
不足以喻则兼"，以及共名、别名，"约定俗成"和"稽实定数"
等一系列有关制名的理论问题。（参见《荀子·正名》）

　　法家韩非也关注名的问题。他说："圣人之所以为治道者三：
一曰利，二曰威，三曰名。"（《韩非子·诡使》）"用一之道，以
名为首。"（《韩非子·扬权》）把名看作治国之道中最为重要的
一种手段。他进而提出"审名以定位，明分以辨类"（《韩非子·扬
权》）的思想。这里的"审名"和"明分"主要是为君王提供用
人的辨察方术，也具有一定的逻辑意义，值得深思。

　　名家是战国时期的一个重要学派。名家学者也被称为辩者
或辩士，同逻辑关系十分密切。名家的名辩思想有一个显明的
特点，就是重视对名的分析和对名实关系的考察。名家创始人
邓析提出了"循名责实""按实定名"的思想。他说："循名责实，
实之极也；按实定名，名之极也。参以相平，转而相成，故得
之形名。"（《邓析子·转辞》）名实相互参验，就可以形成与实
相符的名。尹文提出"名以检形，形以定名；名以定事，事以
检名"（《尹文子·大道上》），同样肯定形名相互检验之功。他
还考察了社会生活中名实相违的各种情形，如"悦名而丧失""违
名而得实""得名而失实""同名不同实"，等等。尹文对名之理

论的另一贡献，是他根据名指称对象的不同，把名分为"命物之名""毁誉之名"和"况谓之名"三类，并在此基础之上提出"正名分"和"定名分"的主张，认为"大要在乎先正名分"，"定此名分，则万事不乱也"。（以上均见《尹文子·大道上》）公孙龙集名家之大成，著《名实论》，阐述了正名的基本原则、标准和方法。他说：

> 其名正，则唯乎其彼此焉。

> 谓彼而彼不唯乎彼，则彼谓不行。谓此而此不唯乎此，则此谓不行。其以当不当也。不当而当，乱也。

> 故彼彼当乎彼，则唯乎彼，其谓行彼。此此当乎此，则唯乎此，其谓行此。其以当而当也。以当而当，正也。

就是说，一个名是正还是不正，要看它所指谓的实是否唯一。如果一个名它所指谓的实是唯一的，这个名就是正的、当的；否则就是不正、不当的。人们创造一个新名要遵循上述的原则和标准，在特定语境中运用一个名也要遵循上述的原则和标准。遵循这个原则和标准，也就保证了名的确定性。公孙龙还提出正名的具体方法：

> 其正者，正其所实也。正其所实者，正其名也。

> 以其所正，正其所不正。不以其所不正，疑其所正。

就是说，正名是拿名和实相比较，名就是用来正其所实的。如果一个名正其所实了，它就是正确的名。如果发生了名不正的情况，要用正确的名去纠正不正确的名，不能用不正确的名去检验正确的名。此外，公孙龙还在《通变论》中讨论了有关分类的原则问题。

前面已经说过，墨家总结了先秦诸子百家关于名的各种言说，提出了一整套名的理论，包括名的界说、名的种类、正名的原则、有悖正名的"狂举"，等等。特别是《墨经》记录了百条定义实例，在今天看来，绝大多数都是十分科学、准确的。这说明墨家已经掌握了定义的规则和各种定义的方法。

综上，可以看出，中国古代名辩学关注正名问题，并且关于名的理论是很突出的。

中国古代名辩学之所以如此关注正名的问题，一是出于论辩的需要。春秋战国时期，百家争鸣之风甚盛。要论辩，首先必须明确概念。只有概念明确，论辩双方才能形成鲜明的辩论焦点，才能明确阐述各自的观点，否则将会不知所云。古代名辩学如此关注正名的问题，还有一个原因，就是春秋战国时期，社会发生大变动，造成严重的名实悖谬问题。一些思想家包括名辩家认为，名实相悖是社会动乱的重要原因，因此把正名问题看作实现社会由乱到治的重要举措。

二、推类（或类推）是名辩学的推理特色

"类"是中国古代名辩学最基本的范畴之一。《墨经·大取》用"辞以故生，以理长，以类行"十个字对墨家名辩学作了经典性的概括。后人也经常称谓墨家名辩学为"故、理、类"的"三物"逻辑。"类"是什么？类和事物的同异有关。相同的事物为一类，或者说具有相同属性的事物为一类；倒过来也可以说同类的事物具有相同的属性。墨家有"类同"和"不类之异"的说法。孟子说："凡同类者，举相似也。"（《孟子·告子上》）荀子则说："类不悖，虽久同理。"（《荀子·非相》）这一点，对于

人们分辨事物和进行推理都十分重要。因此，古代的名辩学家们强调要"知类""明类"，把知类、明类看作推理的根据。《淮南子》强调知类，知类便可以"以类而取之"（《说林训》），以"类之推者也"（《说山训》）。墨家《小取》则把人们论辩过程中的证明和反驳明确地叫作"以类取，以类予"。诸子百家把推理称为"推类"或"类推"。比如墨家说："推类之难，说在之大小。"（《经下》）

推类的基本原则是同类相推，异类不比。同类相推，即推理以类同（或同类）为前提。同类的事物具有共同的本质，因此可以相推。荀子说"以类度类"（《荀子·非相》），《吕氏春秋》提出"类同相召"（《吕氏春秋·召类》），都是说的同类相推。墨家提出"异类不比"作为推理的一条原则，是从反面肯定了同类相推。

异类不比，说在量。（《墨经·经下》）

异：木与夜孰长？智与粟孰多？爵、亲、行、贾四者孰贵？麋与霍孰高？蚓与瑟孰悲？（《墨经·经说下》）

很显然，不同类的事物由于它们的本质各异，量度不同，因此无法进行比较，也无法做推论。以爵、亲、行、贾四者为例，爵位的贵贱用官阶显示，亲属的贵贱用情意体现，行为的贵贱用道德评价，商品的贵贱用价格衡量。不是同类的事物不能用同一量度去衡量，因此也无法进行比较和推论。

古代名辩家不仅提出同类相推，异类不比，还进一步认识到同类相推中有许多特殊情况，不可不察。翻阅先秦两汉典籍，不少名辩家都注意到这个问题，而说得最为明确的，当属《吕氏春秋》和《淮南子》的作者们。他们提出两个类似的命题。

类同不必可推知也。(《吕氏春秋·别类》)

类可推而不可必推。(《淮南子·说山训》)

他们都不否定同类相推，但是他们确实认识到在有些情况下，同类相推不一定能得出真的结论。尽管他们没有总结出在哪种情况下同类相推能够得出真的结论，在哪种情况下同类相推不能得出真的结论，但是他们看到了同类相推会有上述两种不同的情况，是有意义的。

综合古代名辩学家们对推类（或类推）的阐释和对具体例证的分析，我们可以得到如下几点认识：

第一，推类（或类推）是古代名辩学家们对推理的统称，包含诸多类型，内容十分丰富。

古代人在认可类同理同的前提下，可以从一类事物具有某种属性，推知该类中的个别事物也具有同种属性；可以从一些事物都具有某种属性，推类事物也都具有同种属性；更多的是，当获知 A、B 是同类事物，又知 A 具有某种属性，就推知 B 也具有相同的属性。由此可见，中国古代的推类（或类推）包括普通逻辑里讲的归纳推理、演绎推理和类比推理。但是，中国古代的类比推理跟普通逻辑里讲的类比推理又有所不同。中国古代的类比推理虽然是从个别事物（A）具有某种属性，推出个别事物（B）也具有同种属性，但它是先肯定两个个别事物（A，B）属于同一类，因此，这种类比推理的可靠性就更大一些。

第二，古代名辩学家喜欢用譬（或辟、喻、譬喻），其中很多譬不仅仅是修辞手法，而且常常具有一种推理意味。

比如，惠施"善譬"，他认为"譬"是"说者固以其所知谕其所不知而使人知之"(《说苑·善说》)。墨家明确把"辟"

（同"譬"）看作一种论式，认为"辟也者，举他物而以明之"（《墨经·小取》），和"侔""援""推"等论式并列。《淮南子》的作者指出："知大略而不知譬喻，则无以推明事。"（《淮南子·要略》）又说："言天地四时而不引譬援类，则不知精微。"（《淮南子·要略》）不仅把譬看作一种推知形式，而且是一种极为重要的、不可或缺的推知形式。东汉末王符对譬作了专门的阐述。他说：

> 夫譬喻也者，生于直告之不明，故假物之然否以彰之。
> 物之有然否也，非以其文也，必以其真也。（《潜夫论·释难》）

王符首先指出，譬喻"生于直告之不明"，一语道明譬喻的认识论基础和交际功能。其次，王符肯定譬喻的形式是"假物之然否以彰之"，不单单指明譬喻是举他物而明此理，而且用"然""否"两个字说明两个事物共有或共无某种属性都可以看作同类。再次，王符指出"物之有然否也，非以其文也，必以其真也"。"文"是事物的表面现象，"真"是事物的内在性质，就是说，两物相譬，不论是"然"、是"否"，在本质上都应该是相同的，否则譬喻就要发生错误。

具有推理意味的譬，今人又称为譬喻推理。古代譬喻推理的基本特征是：有明显的前提和结论，从已知到未知；前提是具有鲜明形象的具体事物的判断，结论一般是抽象的事理。它主要运用于论证之中，其作用是"为他"，不是"为自"；使用譬喻推理的人，一定会先了解作比者与被比者之间的一致性，因此其结论有较高的可靠性。譬喻推理是中华民族推理思维的一个特点，这与中国古人喜欢直观、形象地看事物也许有关系。

三、中国名辩学是非形式的逻辑

逻辑学是个大家族，既有形式逻辑，也有非形式的逻辑（亦称"非形式逻辑"）。非形式的逻辑相对形式逻辑有两个显著的特点：一是与自然语言结合得非常紧密，不注重逻辑形式；二是与现实问题结合得非常紧密，实用性强。从具体内容上看，更多地关注清晰的表达，关注语言的意义问题、语词与语句的明晰和准确；更多地关注论证和反驳的说服力，揭露论辩中的谬误和诡辩。

名辩学以名、辞、说、辩为研究对象，恰恰是对名和辩最为关注。关于名辩学的特点，前文重点叙述了名辩学特别关注正名问题。

1. 正名问题实质上是关于语词的意义问题。

古人讨论"名正"和"名不正"，就是在强调语词、概念要明晰和准确，不能含混不清。为了明晰语词的意义和概念的内涵，名辩学讨论了有关定义和分类问题。《墨经》可以说是一部定义集，运用了多种定义方法。如"圆：一中同长也"，是性质定义；"圆：规交也"，是发生定义；"说：所以明也"，是功能定义；"平：同高也"，是关系定义；"诺：超、诚、圆、止"，是外延定义；等等。中国古人很早就有分类的思想，《周易》明确提出"方以类聚，物以群分"。《墨经》和《荀子·正名》都对名做了分类，不仅如此，《墨经》还提出了"偏有偏无有"的分类原则。这些对语词意义的明晰，对概念内涵的明确都是很有意义的。

2. 名辩学对辩的讨论非常之多，内容十分丰富。摘其要者：

（1）名辩学规定了辩的性质。

《墨经》在批评庄子无辩的基础上，吸收前人的思想成果，对辩做了全面的论述，严格规定了辩题，深刻揭示了辩的本质。"辩，争彼也。辩胜，当也。"（《墨经·经上》）"彼"是论辩双方争论的焦点，是指一对具有相同主项和谓项的矛盾判断。"彼，不（两）可两不可也"（从沈有鼎校改），即是说，一对矛盾判断不能两者都正确，也不能两者都不正确，必然一个正确、一个不正确，因此，论辩双方才有胜负。能分出胜负的辩，才是一个"当"的辩，否则就是"不当"之辩。

（2）指出辩的作用是分清是非、论证真理、驳斥谬误。

东汉思想家王充集先秦两汉论辩思想之大成，著《论衡》。《论衡》就是一部关于论辩的书。王充说："《论衡》者，论之平也。"（《自纪》）又说："《论衡》者，所以铨轻重之言，立真伪之平。"（《对作》）"平"，即"衡"，亦即标准。这就是说，《论衡》是一部确立一个论断、论题真伪的标准的书。论辩，包括证明和反驳：证明是论证一个论断是真的，王充称为"正是"；反驳是论证一个论断是假的，王充称为"疾虚妄"。论辩的作用，就是对"世俗之书，订其真伪，辩其虚实"，"使后进晓见然否之分"。（《对作》）

（3）名辩学家总结出一些论辩的原则和方法。

比如，墨家提出"三物"说，即立论要有根据（"辞以故生"），论辩要运用正确的论式（"以理长"），推理论证要符合推类的原则（"以类行"）。今人常说的立论要"持之有故"、"言之有理"（或"言之成理"）、"同类相推"，就是对"三物"的运用。荀子提出"三辩"说，即把辩分为圣人之辩、君子之辩和小人之辩。

所谓圣人之辩，具有三个特点：一是"不先虑，不早谋，发之而当，成文而类，居错迁徙，应变无穷"（《荀子·非相》）。就是说，圣人有高超而纯熟的论辩技巧，论辩能自然合乎论辩的规则。二是"有兼听之明，而无奋矜之容；有兼覆之厚，而无伐德之色"（《荀子·正名》）。就是说，圣人之辩完全合乎礼仪的要求。三是圣人之辩的目的是"白道而冥穷"（《荀子·正名》），追求真理，明辨是非，如果用之社会，则"天下治"。

所谓君子之辩，也有三个特点：一是需要经过"先虑之，早谋之"，方能做到"正其名，当其辞"。（《荀子·正名》）二是有"辞让"之德，顺"长少之理"，"以仁心说，以学心听，以公心辩"，"贵公正而贱鄙争"。（《荀子·正名》）三是自信真理在手，"不动乎众人之非誉，不治观者之耳目，不赂贵者之权势，不利便辟者之辞，故能处道而不贰"（《荀子·正名》），不为众人毁誉、不畏外力胁迫而改变自己的主张。

所谓小人之辩，有两个特点：一是"诱其名，眩其辞"（《荀子·正名》），"辩而无统"（《荀子·非相》），完全不合乎辩学的要求。二是"上不足以顺明王，下不足以齐百姓"（《荀子·正名》），劳而无功，辩而无用，只图虚名。

荀子的"三辩"说指明了论辩的原则，这些原则包括功用原则、论辩规划，也包括道德要求。

曹魏时期的刘劭把论辩分为"理胜"和"辞胜"两大类。他说：

> 夫辩，有理胜，有辞胜。理胜者，正白黑以广论，释微妙而通之。辞胜者，破正理以求异，求异则正失矣。（《人物志·材理》）

很显然，理胜之辩是以探求真理为目的，能够正确遵守名辩的规则，论辩的结果是分清是非，消除分歧，取得共识；辞胜之辩是以混淆是非为目的，标新立异，只为求胜，其结果是破坏正理，宣扬谬误。应该说，刘勰对两种辩的区分是正确的。

名辩学还总结出一些具体的论辩要求和方法。比如"通意后对"。墨家说："通意后对，说在不知其谁谓也。"（《墨经·经下》）就是说，双方在论辩之前，先要弄明白对方论题的意思，然后才能作答。如果没弄明白对方论题的准确意思就作答，很可能造成"文不对题"之过。又如"贵有效验"。荀子提出："凡论者，贵有其辨合，有符验。"（《荀子·性恶》）就是说，立论或论据都要有事实根据，有验证。王充说："事莫明于有效，论莫定于有证。空言虚语，虽得道心，人犹不信。"（《论衡·薄葬》）王充有时说"效"或"效验"，有时说"证"或"证验"，也是说立论要有可靠的根据和论据。再如，"偏是之议"，不能为是。三国魏嵇康说，某种现象的出现，往往不是单一原因引起的，如果只抓住一点而不虑其他（"偏是之议"），就常常会出现错误。如果论辩双方你讲这一面、他讲那一面，那么就没有共同语言了。因此，嵇康提出要"广求异端""兼而善之"。此外，名辩家们还提出论辩在语言和伦理方面的要求。比如，"辩言必约"（参见徐幹《中论·核辩》），是强调论辩的语言要朴实、准确，要言不烦。又如"疾徐应节，不犯礼教"（参见徐幹《中论·核辩》），是说论辩时要注意说话的速度、礼仪，要讲究风度，等等。刘勰提出论辩时要切忌"气构""怨构""忿构""怒构"（参见《人物志·材理》），不要犯诉诸情感的错误，等等。

综上所述，中国名辩学特别关注正名和论辩问题，关注日常思维中的定义和推理论证，关注名辩对社会治理和社会发展的作用。它不关注对推理、论证的形式处理，而常常用具体例证来代表一般公式。所以，我们称中国名辩学是非形式的逻辑，与印度因明有相似之处。

非形式的逻辑泛指用于评估和改进人们日常论辩中出现的非形式推理和论证的逻辑理论，20世纪六七十年代在欧美兴起，近30多年得到很大的发展。在高等院校里，非形式的逻辑已经成为一门重要的课程，对于提高学生实际推理和论证能力很有帮助。

第二节　名辩学的认识论思想

中国名辩学有丰富的认识论思想，它是名辩学形成的认识基础，也对我国古代科学的发展产生深远影响。

一、人有认识能力

墨家认为，人是形体和认知能力的共同体。"生，刑与知处也。"（《墨经·经上》）这里的"刑"同"形"，"知"是认知能力。形体和认知能力共居一处，才是活生生的人。

> 知，材也。（《经上》）
> 知也者，所以知也，而不必知。若明。（《经说上》）
> 虑，求也。（《经上》）
> 虑也者，以其知有求也，而不必得之。若睨。（《经说上》）

"知，材也"的"知"也是认识能力。"虑"是人认知能力的求知愿望和状态。人有认识能力不必然就有知识，还要看你是不是去求知，是否具备相关的条件。比如，眼睛有看东西的能力，如果你在睡觉，就看不见外物；或者你想看东西，却在黑暗中，没有光亮，你也看不见东西；或者你想看东西，但你不好好去看，同样不能准确地看见东西。人有认识能力，又去追求知识，又具备相关的条件，才可能获得知识。

　　知，接也。（《经上》）

　　接也者，以其知过物而能貌之。若见。（《经说上》）

"接"是实际接触。具有认知能力的人，只有实实在在地与事物接触（"过物"），才能获得知识。

　　智，明也。（《经上》）

　　智也者，以其知论物而其知之也著。若明。（《经说上》）

"智"，原作"恕"，从孙诒让校改。"智"（在《墨经》中有时也作"知"），是人借比较等作用使知识更加明确，它比人的感官作用要进一步。用今天的话说，"知，接也"的知，是感官直接作用的知，是感性认识；而"智，明也"的"智"，是理性思维之产物。

二、认识有不同阶段

　　上面说到的知和智，已经显示出认识有不同阶段了。《墨经》说到知识的分类：

　　知：闻、说、亲。（《经上》）

　　知：传受之，闻也。方不彰，说也。身观焉，亲也。（《经

说上》)

知识分为三类，即闻知、亲知和说知。某人不知室内之色，但他看见了室外之色（亲知），又听人说室内之色与室外同（闻知），于是他就知道室内之色了（说知）。可见，亲知和闻知都是直接之知，而说知是由已知推出未知的间接之知。

荀子对认识阶段说得更为明确。首先，荀子肯定人有认识事物的能力，客观事物也是可以被正确认识的。"凡以知，人之性也；可以知，物之理也。"（《荀子·解蔽》）荀子进而指出，人的认识是一个过程，有不同的阶段。他在讨论正名的时候，指出制名和正名的意义在于"别同异""明贵贱"，即区分事物的同异，进而分辨认识上的是非；对于治理国家来说，要通过正名达到人之贵贱、尊卑等级分明。荀子又进一步从认识论层面提出人是依赖什么来区分事物的同异，以形成同异之名的。他自己提出问题，自己回答：

> 然则何缘而以同异？曰：缘天官。凡同类同情者，其天官之意物也同；故比方之疑似而通，是所以共其约名以相期也。形体、色、理，以目异；声音清浊、调竽奇声，以耳异；甘、苦、咸、淡、辛、酸、奇味，以口异；香、臭、芬、郁、腥、臊、漏、庮、奇臭，以鼻异；疾、养、沧、热、滑、铍、轻、重，以形体异；说、故、喜、怒、哀、乐、爱、恶、欲，以心异。心有征知。征知，则缘耳而知声可也，缘目而知形可也，然而征知必将待天官之当簿其类然后可也。五官簿之而不知，心征知而无说，则人莫不然谓之不知，此所缘而以同异也。（《荀子·正名》）

上面这段话，在回答人何以能区分事物的同异问题时，就明确地阐述了人的认识过程有不同的阶段。

1. "天官意物"。

"何缘而以同异？曰：缘天官。"何谓"天官"？"耳、目、鼻、口、形，能各有所接而不相能，夫是之谓天官。"（《荀子·天论》）"天官"就是人的感觉器官。具体来说，就是耳、目、鼻、口、形（体）五官。五官各有所能，而彼此不能替代和借用。形状、颜色、纹理，由眼睛来分辨；声音清浊、大小、好听不好听，由耳朵来分辨；甜、苦、咸、淡、辣、酸，由嘴（舌）来分辨；香、臭、腥、臊等，由鼻子来分辨；冷、热、滑、涩、轻、重，由身体（皮肤）来分辨。凡是正常的人，都具有五官。不同人的同一"天官"（如眼睛）的作用都是相同的，因此不同的人对同一现象（如颜色）的感觉也是相同的（"凡同类同情者，其天官之意物也同"）。人们用"天官"接触事物，感知事物的现象，获得感性认识，这是认识的第一个阶段，也可称为"天官意物"阶段。

荀子同时指出，"天官意物"常常会发生错误。《荀子·解蔽》举出很多例子。比如，"冥冥而行者，见寝石以为伏虎也"，是"冥冥蔽其明"；"醉者越百步之沟，以为跬步之浍也"，是"酒乱其神也"；"厌目而视者，视一以为两"，是"势乱其官也"；"从山上望牛者若羊"，是"远蔽其大也"；"从山下望木者，十仞之木若箸"，是"高蔽其长也"；"水动而景摇，人不以定美恶"，是"水势玄也"；等等。这就是说，人仅靠"天官意物"，当遇到一些特殊情况、复杂情况，往往会出现"观物有疑""未可定然否"的结果，甚至发生以石为虎、以牛为羊、以百步之宽的巨沟为田间小沟的错误。

2. "天君征知"。

荀子说："心居中虚，能治五官，夫是之谓天君。"（《荀子·解蔽》）又说："说、故、喜、怒、哀、乐、爱、恶、欲，以心异。心有征知。"（《荀子·正名》）古之圣贤把心看作管理五官的天君，天君是在"天官意物"的基础之上，运用推理论证（"说"），寻找事物的因果关系（"故"），获得关于事物的本质的、抽象的认识（"喜、怒、哀、乐、爱、恶、欲"），也就是"征知"。"天君征知"可以纠正"天官意物"的失误，可以深化对事物的认识。

3. "天官意物"和"天君征知"是认识过程中彼此联系、互相依赖的两个阶段。

"天官意物""五官簿之"要依赖于天君（心）。"心不使焉，则白黑在前而目不见，雷鼓在侧而耳不闻。""中心不定，则外物不清。吾虑不清，则未可定然否。"（《荀子·解蔽》）同时，"征知"的获得也离不开"五官簿之"，"征知必将待天官之当簿其类然后可也"。征知的辨别、分析、验证作用，必须等到天官同外物接触，获得感性经验之后才能发挥出来。荀子提出，要区别事物同异、分辨是非，必须"清其天君，正其天官"（《荀子·天论》），即要"心定""虚壹而静"，又要正确发挥天官的作用。否则，"五官簿之而不知，心征之而无说，则人莫不然谓之不知"（《荀子·正名》）。

东汉王充提出"不徒耳目，必开心意"（《论衡·薄葬》）的主张。他不否认人们依靠感官可以认知事物，即"须任耳目以定情实"（《论衡·实知》）。但他强调光靠耳目是不够的，必须"开心意"。他说："信闻见于外，不诠订于内，是用耳目论，不以心意议也。夫以耳目论，则以虚象为言；虚象效，则以实事为非。是故是非者，不徒耳目，必开心意。"（《论衡·薄葬》）意思是说，人们认识事物如果只凭感官，就容易被"虚象"所迷惑，造成认识错误。只有不停留在感觉阶段，"开心意"，作理性思考，才能在复杂情况下明辨实与虚、真与假、是与非。

中国先贤们还讨论了思和学的关系。孔子提出"学而不思则罔，思而不学则殆"（《论语·为政》）的重要命题。"学"包括"多闻""多见"，耳目所得；也包括从老师和从书本处获得，这是获得知识的重要途径。"思"是思索、思考，属理性思维，也是获取知识的重要过程。孔子主张把学和思结合起来，互相促进，而不能偏废。他认为，如果在学习过程中不加思索，不进行分析、归纳、整理，其结果就会罔然而无所得。可见"思"在获取知识过程中的重要性。但是，如果整天宅在屋里苦思冥想，而不去读书，不去实践、感知、验证，也不能得到正确的认识。孔子关于学与思关系的讨论，也在一定意义上说明了感性认识和理性认识的关系。

王充尖锐地反对所谓圣人"神而先知"的神秘先验论，强调"智能之士，不学不成，不问不知"，"知物由学，学之乃知，不问不识"（《论衡·实知》）。他进而提出的"不徒耳目，必开心意"，也讨论了学与思的关系。

三、检验认识有标准

人不管是通过经验获得直接知识，还是通过推理获得间接知识，有了知识往往就要"立言"。立言或指导自己的行为，或指导别人的行为，二者都是重要的事情，因此古贤人强调"立言"

要有根据。墨子说："（言）必立仪，言而毋仪，譬犹运钧之上，而立朝夕者也。是非利害之辩，不可得而明知也。"（《墨子·非命上》）"仪"即标准，又称为"法"或法则。"言必立仪"就是说，要确立一个观点（"言"），一定要有个标准、有个法则，否则就无法辨明立论的对错和利害。墨子提出"三表"说：

> 故言必有三表。何谓三表？子墨子言曰：有本之者，有原之者，有用之者。于何本之？上本之于古者圣王之事。于何原之？下原察百姓耳目之实。于何用之？发以为刑政，观其中国家百姓人民之利。此所谓言有三表也。（《墨子·非命上》）

"三表"就是"三仪"或"三法"，是立言、立论的根据和标准。

所谓"上本之于古者圣王之事"，是说"立言"要从古代圣王之言行记载中找根据，要和古代圣王之言行相符而不能相悖。这是把前人的间接经验作为检验认识真理性的标准。所谓"下原察百姓耳目之实"，是说"立言"要考察百姓的耳闻目见之实，以人民群众的直接经验作为检验立论真理性的标准。所谓"发以为刑政，观其中国家百姓人民之利"，是说把立论的认识贯彻到国家和百姓的社会实践活动中去，以实践的效果作为检验认识真理性的标准。

墨子强调"立言"、立论要有根据和标准，表现出对认识的一种严肃态度和科学精神。他提出"三表"说，肯定了直接和间接知识的重要性，肯定了实践效果对检验认识真理性的意义，是对古代认识理论的重要贡献。

古代名辩家大多主张立论要有效验。墨子"三表"说中的"原察百姓耳目之实"，"发以为刑政，观其中国家百姓人民之利"

都是效验。荀子提出"符验"说:"凡论者,贵其有辨合,有符验。"所谓"符验",是说谈论古代的道理要在现今的事实上找到验证,谈论天道要在人事上得到验证。只有这样,才能够"坐而言之,起而可设,张而可施行"(《荀子·性恶》),达到知与行、名与实的统一。韩非提出"参验"说,"偶参伍之验,以责陈言之实"(《韩非子·备内》),"循名实而定是非,因参验而审言辞"(《韩非子·奸劫弑臣》)。所谓"参验",范围广泛,要求很高。"言会众端,必揆之以地,谋之以天,验之以物,参之以人。四征皆符,乃可以观矣。"(《韩非子·八经》)韩非强调要从多方面得到验证,才能避免失误。东汉扬雄提出"言必有验",他说:"君子之言,幽必有验乎明,远必有验乎近,大必有验乎小,微必有验乎著。无验而言之谓妄。"(《法言·问神》)总而言之,要用人们容易看得见、把握得住的,去验证那些不容易看见或者不易把握的事情和道理。

王充发扬扬雄的思想,提出"引证定论"的主张。他说:"论则考之以心,效之以事。浮虚之事,辄立证验。"(《论衡·对作》)"事莫明于有效,论莫定于有证。空言虚语,虽得道心,人犹不信。"(《论衡·薄葬》)"凡论事者,违实不引效验,则虽甘义繁说,众不见信。"(《论衡·知实》)通读《论衡》全书,他每提出一个论断,总是接着就问"何以效之?""何以验之?"然后一条条列举根据,进行论证。他肯定立论是个思维过程("论则考之以心"),立论如果是关于事实的,必须摆出事实;如果是一个理论观点,必须做出有说服力的论证("事莫明于有效,论莫定于有证"),概莫能外。相反,一切"违实不引效验"的"空言虚语",不管你怎么去"繁说","人犹不信"。王充的求实求真精神，是值得后人发扬的。王充之后的徐幹专门写了《贵验》篇，提出"事莫贵乎于有验，言莫弃于无征"，申明了有验之事可信，无证之言当弃的原则。

古代的名辩家们重视立言、立论的真实性，提出种种检验立言、立论真实性的标准和原则，概而言之就是两个方面：事实的验证和严密的论证。而严密的论证，正是名辩学的任务，古代名辩学奠定了科学发展的逻辑基础。

第三节　名辩学与科学

中国古代名辩学与科学有十分密切的关系。一方面，在名辩学中有丰富的科学思想；另一方面，古代科学中凸显着名辩学的作用，古代名辩学奠定了科学发展的逻辑基础。

一、名辩学中的科学思想

1. "历物十事"和"辩者二十一事"。

名家代表人物惠施一生对自然万物充满了研究的兴趣，多有所得，能"遍为万物说"。据《庄子·天下》记载，有一个叫黄缭的人向惠施请教天为什么不会塌，地为什么不会陷，风雨雷电都是怎么形成的。惠施不加思索，就滔滔不绝地予以回答，兴致甚浓。可惜他的著作已经散佚，只在《庄子·天下》保存着惠施的"历物十事"，即关于自然的十个判断：

至大无外，谓之大一；至小无内，谓之小一。

无厚，不可积之，其大千里。

天与地卑，山与泽平。

日方中方睨，物方生方死。

大同而与小同异，此之谓小同异；万物毕同毕异，此之谓大同异。

南方无穷而有穷。

今日适越而昔来。

连环可解也。

我知天下之中央，燕之北、越之南是也。

泛爱万物，天地一体也。

上面十个判断，涉及自然界在时间、空间上的诸多问题。其中有科学方面的问题，比如数学中的点、面、体，有限与无限，数量级，等等；更多的是对自然的哲学思考，比如有穷与无穷，统一与差别，相对与绝对，运动与变化，等等。历代学人对惠施的"历物十事"做出的种种解释都只能是猜测，因为历史没有留下惠施自己对上述判断的说明。但是，上述判断不同于人们的常识，不是人们的实践经验，这是不争的。读"历物十事"，思"历物之意"，我们会清晰地感受到惠施的科学精神和理性之光，我们会从中得到启发。

公孙龙是先秦名家集大成者。《庄子·天下》记载辩者"二十一事"，一些研究者认为其中多数为公孙龙所提出，或者反映公孙龙的思想。"二十一事"是：

卵有毛。

鸡三足。

郢有天下。

犬可以为羊。

马有卵。

丁子有尾。

火不热。

山出口。

轮不碾地。

目不见。

指不至，至不绝。

龟长于蛇。

矩不方，规不可以为圆。

凿不围枘。

飞鸟之景未尝动也。

镞矢之疾而有不行不止之时。

狗非犬。

黄马骊牛三。

白狗黑。

孤驹未尝有母。

一尺之棰，日取其半，万世不竭。

辩者"二十一事"与惠施"历物十事"有许多相通之处，都是战国时期"名家者流"相互论辩的一些命题，而且往往与人们的常识相违，甚至被一些人称为"奇辞""怪论"。同样，史料中也没有保留当年对这些命题的解释和论证，因此在今天看来，有些命题近乎不可解。但是，其中有些命题还是闪烁着当时辩士们对自然界的理性思考和智慧之光。比如，"轮不碾地""飞鸟之景未尝动也""镞矢之疾而有不行不止之时""一尺之極，日取其半，万世不竭"等，让我们想到物体运动的行与止的关系，想到物体可以无限分割的性质，这些都是人们超越经验认识的理性思维，是对事物本质和规律的把握。又如"卵有毛""丁子有尾"等命题，是否含有对自然界某些物种进化的猜测？再如"鸡三足""黄马骊牛三"，以及"犬可以为羊""狗非犬"等，是否是对实体和抽象名称、概念之关系的思考？对于辩士们的上述命题，不能简单地说成是"诡辩"，如果纯属诡辩，其在当时的百家争鸣大氛围中怎么可能"胜人之口"呢！

2. 墨家的科学思想和发明创造。

墨家的《墨经》代表了中国古代名辩学的最高水平，它同样包含了极为丰富而深刻的科学思想，涉及数学、物理（力学、光学）、心理学等多个学科领域。

《墨经》关于数学的文字近二十条，提出了"体"（"偏"）与"兼"、"尺"与"端"、"厚"与"无厚"、"有穷"与"无穷"、"同"与"异"、"圆"与"方"、"有间"与"无间"、"盈"与"无盈"、"尽"及"不尽"与"俱尽"、"相撄"与"不相撄"，以及"中""信""化""建位"等一系列重要的数学概念。

令人称奇的是，《墨经》对上述概念大都给出了定义，有些定义相当准确。比如，"中，同长也""圆，一中同长也""方，柱隅四讙也""信，方二也""端，体之无序而最前者也""盈，莫不有也""化，两有端而后可"这些定义，就是在今天看来仍然是十分精准的。

《墨经》还注意到一些数学概念之间的关系，通过揭示它们之间的关系来说明相关概念的内涵。比如：

体，分于兼。

通过揭示体与兼的关系，说明"体"与"兼"的内涵。

> 或不容尺，有穷；莫不容尺，无穷。

通过有穷与无穷的对比，说明"有穷"和"无穷"的内涵。

> 有间，中也。
>
> 有间，谓夹之者也。
>
> 间，不及旁也。
>
> 间，谓夹者也。
>
> 纑，间虚也。

通过对"有间""间""纑"的分析和论证，揭示了三个不同概念的内涵。

《墨经》关于物理学的文字有二三十条之多，提出并定义了"宇"与"宙"、"动"与"止"、"变"与"无变"、"力"与"奋"等一系列重要的物理学概念。尤为可贵的是，《墨经》还阐明了许多物理学原理。比如，"负而不挠，说在胜"，"衡木加重焉而不挠，极胜重也。右校交绳，无加焉而挠，极不胜重也"。"负"指水桶汲满了水，"挠"即翘。"极胜重"是指杠杆标端重力力矩能胜过本端与汲满水的水桶的重力合力矩。这段话精彩地阐明了桔槔汲水的杠杆原理。又如：

> 奥而必正，说在得。
>
> 衡，加重于其一旁，必捶，权重相若也。相衡，则本短标长。两加焉，重相若，则标必下，标得权也。

这段话阐明了中国秤的原理和功用。又如：

> 挈与收反，说在薄。
>
> 挈，有力也。引，无力也。不必所挈之止于施也。绳制挈之也，若以锥刺之。挈，长重者下，短轻者上；上者

愈得，下者愈亡。绳直，权重相若，则正矣。收，上者愈丧，
下者愈得；上者权重尽，则遂。

"挈"是提挈，指用力把重物向上提升。"收"是收取，指通过
重力作用使被悬系的物体自动下降。"引"是重物被绳索悬系着，
既不用力去提升，也不使它下降。这段话阐明了运用滑轮装置
以升降重物的原理。又如：

倚者不可正，说在梯。

倚：背、拒、牵、射，倚焉则不正。两轮高，两轮为
轵，车梯也。重其前，弦其前，载弦其前，载弦其轵，而
悬重于其前，是梯，挈且挈则行。凡重，上弗挈，下弗收，
旁弗劫，则下直。斜，或害之也，流梯者不得下直也。今
也废石于平地，重，不下，无旁也。若夫绳之引轵也，是
犹自舟中引横也。

《墨经》这里先具体说明了一种叫车梯的器械的构造，再说明其
运行方法。车梯运物，既非用上下垂直的力，也非用与地面平
行的力，而是用一种特殊的力使重物从下面沿着斜坡向上运动。
可贵的是，墨家通过与自由落体运动、平面运动的比较，阐明
了斜面运动的原理。

《墨经》中有八条是讨论光的。比如：

景，不徙，说在改为。

光至，景亡；若在，尽古息。

它们说明了光和物影（"景"）之间的物理关系。光直接照射的
地方，如果没有物体遮挡，那个地方就没有阴影（"景亡"），有
物体遮挡就立即产生阴影。当光和物体都静止不动的时候，那
么物影也永远停息（"尽古息"）；如果光源静止而物体移动，

或物体静止而光源移动，就会让人感到物影也在移动（"徙"）。其实"景，不徙"，这只是一个新影产生、旧影消亡（"改为"）的过程，由于这个变化过程很快，让人们感到是物影在移动罢了。又如：

> 景二，说在重。
>
> 二光夹一光，一光者景也。

此条说明重影现象以及重影产生的原因。又如：

> 景到，在午有端与景长，说在端。

此条说明针孔成像的现象及其原因。又如：

> 景迎日，说在转。
>
> 日之光反烛人，则景在日与人之间。

此条说明光的反射现象。当日光被一个平面反射镜所反射时，则影就在日光和人之间了。《墨经》还说明了凹面和凸面反射镜成像的现象及其原因。

综上可以看出，墨家对中国古代科学有深刻的思考和阐释，并且取得了重要的成果。

墨家为什么能对古代科学做出如此重要的贡献？

墨家是一个与人民有着血肉联系的、由"科学家"和"工程师"组成的团队。强烈的平民意识，使墨家关注自然、亲近自然、认识自然，让自然为平民造福。墨子及其弟子们熟悉各种工匠技艺，并且亲自动手，制造生产生活用具以及军事器械。据文献记载，墨子做过木鸢，飞"三日而不集"；做过车辖，被惠施称为"大巧"。在战争时期，他们还制作过守城的各种军事器械。这些，为墨家的科学研究提供了动力和实践条件。

同时，墨家又是当年百家争鸣中一支有重要影响力的思想家和论辩家团队，具有很强的批判精神。墨家总结科学成果和论辩经验，创造了名辩学体系。墨家的科学思想和名辩思想相互发明，相互促进。我们看到墨家的科技思想大都是为阐述名辩学理论而出现在《墨经》之中的。反过来，墨家又用名辩学这个工具给各种科学概念下定义，阐述各种科学原理，论证各种科学命题。墨家用他们的科学理论、思想滋润着他们的名辩学，而他们的名辩学又助推着科学理论的形成和发展。

二、古代科学中体现的名辩思想

这里只通过举例，说明名辩学在古代科学成就中的体现。

1. 刘徽《九章算术注》中的名辩思想。

《九章算术》是中国古代最重要的数学著作。它系统地总结了先秦至西汉时期的数学成果，奠定了中国古代传统数学的基本框架，显示出以算法为主的特点。公元 3 世纪，我国大数学家刘徽作《九章算术注》，不仅对《九章算术》进行了准确的解读，还指出了《九章算术》若干不准确和错误之处，进而提出自己的一些新方法和新思路。有学者指出，是刘徽的《九章算术注》使中国古代数学有了理论体系。我们在此要强调的是，刘徽的注文鲜明地体现了古代名辩思想和方法，换言之，是刘徽运用名辩学使古代数学有了理论体系。

首先，《九章算术》原本只有问题与解题的方法和步骤，许多概念都没有界说，有的甚至模糊不清。刘徽的注文则运用多种方法给许多重要的数学概念下了定义。比如：

凡母互乘子，谓之齐。

就是说，分母与分子互乘，叫作"齐"。

> 开方，求方幂之一面也。

就是说，由已知正方形的面积，求其一边之长，叫作"开方"。

> 豫张两面朱幂定衺，以待复除，故曰定法。

就是说，开平方运算，求得初商之后，以除数的二倍作为试除其差的除数，这一除数叫作"定法"。

> 邪解立方得两堑堵。虽复椭方，亦为堑堵。

就是说，用一平面将一立方体斜截，分为相等的两部分，每一部分为一个堑堵。用一个平面将一个长方体斜截为两个相等的部分，每一部分也叫堑堵。这是借助于立方和椭方来阐释"堑堵"概念。

> 邪解堑堵，其一为阳马，一为鳖臑。阳马居二，鳖臑居一，不易之率也。

就是说，用平面斜截一堑堵，分为大、小两个部分，并且二者的体积恰好为二比一，则大的部分叫"阳马"，小的部分叫"鳖臑"。这是借助于堑堵来阐释"阳马"和"鳖臑"两个概念。

以上五例，或借助于数的运算，或借助于某种体积的形成过程或彼此的关系，来阐明相应的概念。在《九章算术注》中，用各种方法定义的概念是很多的。

其次，在《九章算术注》中，刘徽运用了很多推理和证明方法，而且是非常自觉的。刘徽在《九章算术注·序》中说："事类相推，各有攸归，故枝条虽分而同本干者，知发其一端而已。"意思是说，丰富多彩的数学世界，看起来繁复纷杂，其实数学内容有本干和枝条之分，只要抓住根本，从基本概念、公理或基本关系出发，依类相推，就能寻其"攸归"，形成一定的数学系统。

《九章算术注》中运用了归纳推理方法，使某些特殊的方法或命题得到了更为广泛的应用。比如，《九章算术·方程章》有一题为：

> 今有牛五、羊二，值金十两；牛二、羊五，值金八两。问牛羊各值金几何？答曰：牛一，值金一两二十一分两之一十三；羊一，值金二十一分两之二十。术曰：如方程。

刘徽《九章算术注》对这一题的"注"是：

> 假令为同齐，头位为牛，当相乘左右定。更置右行牛十、羊四，值金二十两；左行牛十、羊二十五，值金四十两。牛数相同，金多二十两者，羊差二十一使之然也。以少行减多行，则牛数尽，唯羊与值金之数见，可得而知也。以小推大，虽四、五行各不异也。

据我国数学家们的阐释，这是刘徽创造的"互乘对减消元法"，即加减消元法。这种解法是以二元线性方程组推广到任意元线性方程组。从逻辑角度看，实际上是一种归纳推广的方法。

在《九章算术注》中，刘徽也运用多种演绎推理形式严密地推出某种结论，其中有完整式，也有省略式。比如，《九章算术》"方田术"说：

> 广从步数相乘得积步。

刘徽的"注"说：

> 此积谓田幂，凡广从相乘谓之幂。

刘徽加一个"凡"字，就使"注"文形成一个以"凡广从相乘谓之幂"为大前提的省略三段论推理。又如，刘徽给"羡除术"作"注"，说：

推此上连无成不方，故方锥与阳马同实。

这是运用假言推理推断同底高的方锥与阳马体积相等，而省略了作为前提的充分条件假言判断："若两锥体每一层都为相等方形，则其体积相等。"

刘徽受《墨经》逻辑思想的影响，重视"察故""知类""明理"，力求察故求理，依类相推，进行数学论证。他明确提出证明的两种方法：一是"析理以辞"的文字推理证明（包括反驳），二是"解体用图"的直观性证明。他把这两种方法结合起来，"约而能周，通而不黩"，使其成为十分有效的推理论证方法，为我国古代数学研究做出了重要贡献。

2.《黄帝内经》与古代名辩学。

《黄帝内经》成书于战国、秦汉之际，是我国医学宝库中现存成书最早、有鲜明理论体系的中医典籍。"《黄帝内经》的成书问世，深受中国古代哲学、逻辑及科学方法的影响。"（张岱年语）

据有关学者的初步统计，《黄帝内经》定义的名称概念有一千多个，其中许多属中医理论体系中的基本概念。《黄帝内经》揭示概念内涵的基本方法是"以形正名"，比如肝、心、脾、肺、肾等基本概念，既揭示其关于内脏的形态、部位和功能，更是对其外在形象的体、华、窍、合、志、液、神等多方面认识的规范，与解剖实体有某种对应的关系。有些病名则根据病形，规定为一组症状群，比如，"病在少腹，腹痛不得大小便，病名曰疝"，"夫平心脉来，累累如连珠，如循琅玕，曰心平"，等等。有些概念则从一件事物的发生来规定它的内涵，比如，"阳加于阴，谓之汗"，"阴虚阳搏，谓之崩"，等等。《黄帝内经》明确概念的方法，不同于西方逻辑的概念定义方法，它主要不是运用"属加种差"，舍弃事物的形象，揭示事物的本质属性来定义的，而更多的是描述事物的形貌和产生过程，这正是中国人的思维特点。

《黄帝内经》的作者们自觉地运用逻辑推理和论证方法，为构造中医的理论体系服务。

古代名辩学强调立辞要有根据和规则，《墨经》提出"三物"说，即"辞以故生，以理长，以类行"。经查，在《黄帝内经》中涉及故、理、类甚多。关于"故"有七百多条，大体有三种用法：一是原因、根据之故；二是作为新旧（故）之故；三是直接表达推理、论证之故，其占绝大多数。其实，原因、根据之故，在一定程度上也与推理、论证有关。关于"理"，作为规律、规则的意义，成为《黄帝内经》各篇的宗旨。万物有"理"，要揭示出大量的关于生命运动、疾病变化的具体规律，就要"求理"。求理也要遵循求理的规则。关于"类"，有分类、比类、推类等义。《黄帝内经》运用分类来认识事物的本质，把握事物的特征。比如，对心痛病进行分类研究，区别同中之异，确立同病异治的理论；对于五脏的病变进行分类研究，把握五脏病变的规律等。《黄帝内经》中有重大科学价值的分类是阴阳分类法和四时分类法。中医引进阴阳二分法，把中国古代哲学的辩证思维植入理论体系里，成为理论之核心。四时分类法使中医学在诊断、治疗过程中考虑到四季节律性变化对人体的影响，成为优于其他医学理论的亮点。所谓比类，是确定两类事物之间的相同点和相异点的逻辑方法。《黄帝内经》以古今范畴为类，开展古今之间的系列比较，揭示古今之不同，进而提出不同对策。通过比类，也为准确分类提供了根据。有了分类、比类，就有了推类，或称类推。中医理论中的类推模式，是通过比较两类或多类事物之间的异同，由已知推求未知。在《黄帝内经》中，主要的类推模式是：阴阳类推，即根据阴阳之间的关系，类推人的生命状态；四时类推，即由四季节气变化之间的关系和人体疾病之联系而推知；脏象类推，即依据人体五脏和五大生理系统之间的关系而推知。《黄帝内经》说："五脏之象，可以类推。"

从《九章算术注》和《黄帝内经》可以看出，逻辑学助推科学的发展，科学的发展离不开逻辑学。

崇文学术译丛·西方哲学

1. 〔英〕W. T. 斯退士 著，鲍训吾 译：黑格尔哲学

2. 〔法〕笛卡尔 著，关文运 译：哲学原理 方法论

3. 〔德〕康德 著，关文运 译：实践理性批判

4. 〔英〕休谟 著，周晓亮 译：人类理智研究

5. 〔英〕休谟 著，周晓亮 译：道德原理研究

6. 〔美〕迈克尔·哥文 著，周建漳 译：于思之际，何所发生

7. 〔美〕迈克尔·哥文 著，周建漳 译：真理与存在

8. 〔法〕梅洛-庞蒂 著，张尧均 译：可见者与不可见者 [待出]

崇文学术译丛·语言与文字

1. 〔法〕梅耶 著，岑麒祥 译：历史语言学中的比较方法

2. 〔美〕萨克斯 著，康慨 译：伟大的字母 [待出]

3. 〔法〕托里 著，曹莉 译：字母的科学与艺术 [待出]

中国古代哲学典籍丛刊

1. 〔明〕王肯堂 证义，倪梁康、许伟 校证：成唯识论证义

2. 〔唐〕杨倞 注，〔日〕久保爱 增注，张觉 校证：荀子增注 [待出]

3. 〔清〕郭庆藩 撰，黄钊 著：清本《庄子》校训析

4. 张纯一 著：墨子集解

唯识学丛书 (26种)

禅解儒道丛书 (8种)

徐梵澄著译选集 (6种)

西方哲学经典影印 (24种)

西方科学经典影印 (7种)

古典语言丛书 (影印版，5种)

西方人文经典影印 (30多种，出版中)

_____

出品：崇文书局人文学术编辑部

联系：027-87679738，mwh902@163.com

我
思 ®

敢于运用你的理智